黑龙江省精品工程专项资金资助出版

基于视觉的海洋浮标目标探测技术

蔡成涛　苏　丽　梁燕华　著

哈尔滨工程大学出版社
Harbin Engineering University Press

内 容 简 介

本书以自主研制的国内首套应用于海洋浮标的可视化全方位目标探测识别系统为论述对象,重点讨论在海洋浮标动态载体平台下,基于全景与常规视觉混合系统实现对浮标周围远距离海域进行兴趣目标探测的相关技术内容。本书以著者课题组多年来新型视觉技术的研究成果为基础,结合实际科研课题及工程应用,将理论分析及实际系统应用有机结合。

本书可作为海洋浮标环境观察技术人员的参考书,也可供从事计算机视觉技术、环境感知及模式识别、人工智能等领域研究工作的人员参考。

图书在版编目(CIP)数据

基于视觉的海洋浮标目标探测技术/蔡成涛,苏丽,梁燕华著. —
哈尔滨:哈尔滨工程大学出版社,2019.11
ISBN 978 - 7 - 5661 - 2325 - 1

Ⅰ.①基… Ⅱ.①蔡… ②苏… ③梁… Ⅲ.①浮标 -
目标探测 - 探测技术 - 研究 Ⅳ.①U644.43

中国版本图书馆 CIP 数据核字(2019)第 195565 号

选题策划 夏飞洋 丁 伟
责任编辑 丁 伟 宗盼盼
封面设计 刘长友

出版发行 哈尔滨工程大学出版社
社   址 哈尔滨市南岗区南通大街 145 号
邮政编码 150001
发行电话 0451 - 82519328
传   真 0451 - 82519699
经   销 新华书店
印   刷 哈尔滨市石桥印务有限公司
开   本 787 mm×1 092 mm 1/16
印   张 7
字   数 182 千字
版   次 2019 年 11 月第 1 版
印   次 2019 年 11 月第 1 次印刷
定   价 45.00 元
http://www.hrbeupress.com
E-mail:heupress@ hrbeu.edu.cn

前　言

随着海洋权益斗争形势的日趋激烈、复杂，海上侵权行为增多，海洋浮标在海洋环境探测领域所起的作用也随着当前形势的不断变化，在海域安全防范、入侵目标告警、海情海况态势监测等方面有着越来越重要的体现，其作为海域前线"哨兵"的军事功效日益凸显。面对各种各样的海上侵权行为和广阔的海域，我们所能采用的执法方式和手段，特别是在我国海上资源勘探平台周边及相关敏感区域态势的监视监控和信息侦讯技术，已远远落后于执法工作的实际需求。为了更好地满足中国海监相关部门对我国管辖海域（包括海岸带）实施巡航监视，查处侵犯海洋权益、违法使用海域、损害海洋环境与资源、破坏海上设施、扰乱海上秩序等违法违规行为，以及对海上重大事件进行应急监视、调查取证等方面的需求，我们科研团队依托国家海洋局海洋公益性行业科研专项"海洋维权执法目标探测识别与信息传输技术应用研究及示范"，基于智能可视化技术，研制了国内首套应用于海洋浮标的可视化全方位目标探测识别系统。此系统安装在海洋浮标上，创新性地采用全景与常规视觉组成异构双尺度动态观测系统，有效融合了全景视觉系统和常规视觉系统光学聚焦、清晰观察等诸多优点，突破了海洋环境动态条件下远程目标可视化探测、全景视觉与常规视觉系统协调控制、远程小目标识别等关键技术，为基于海洋环境动态平台进行海域可视化态势感知提供了重要的态势监视和可视化信息侦讯技术手段，此项目研究成果获得 2015 年度国家海洋工程科学技术奖二等奖。

本书以著者课题组多年来从事新型视觉技术的研究成果为基础，结合实际科研课题及工程应用，将理论分析及实际系统应用有机结合。全书共 5 章，第 1 章为海洋浮标目标探测技术概述，主要介绍海洋浮标的发展历程、海洋浮标探测系统的分类、基于浮标构建的海洋浮标探测系统的组成及对基于浮标进行可视化目标探测的应用需求和主要问题；第 2 章为海洋浮标可视化目标探测系统设计，重点论述基于全景视觉和常规变焦视觉技术相结合的双尺度可视化模式的海洋浮标目标系统构成、工作原理及系统设计；第 3 章为全景视觉系统设计及电子稳像技术，主要介绍海洋浮标可视化全方位目标探测识别系统中的核心关键部分——全景视觉系统的设计方法及其在浮标动态载体平台上实现环境观测的电子稳像技术；第 4 章为异构视觉系统联合目标探测技术，内容涉及全景与常规视觉组成异构双尺度视觉系统的联合目标探测技术，主要讨论两视觉系统共同视域确定方法、目标特征匹配算法等相关核心技术；第 5 章为海域目标检测技术，重点论述海雾图像清晰化技术、全景图像中的海天线检测技术及海天线区域的小目标检测技术三方面内容，并结合实际应用进行了试验验证。

　　本书在出版过程中,先后得到国家海洋局海洋公益性行业科研专项经费项目,国防基础科研及技术基础项目,国家自然科学基金项目(61203255,51409053),黑龙江省自然科学基金项目(F201414,E201414),中央高校基本科研业务费专项资金项目(HEUCF160418)等课题的资助。本书参考了大量本领域科研工作者的科研成果及学术论文,所借鉴学术资料在本书参考文献部分均予列出,在此表示感谢。

　　由于著者学术水平有限,加上海洋浮标视觉探测技术涉及多学科知识,我们可能尚未意识到本书的错讹之处,望读者不吝斧正。

著　者

2019 年 3 月

目　　录

第1章 海洋浮标目标探测技术概述

海洋浮标是海洋环境自动观测平台,是现代海洋环境立体探测系统的重要组成部分。本章主要介绍了海洋浮标的发展历程、海洋浮标探测系统的分类、基于浮标构建的海洋浮标探测系统的组成,并对基于浮标进行可视化目标探测的应用需求和主要问题做了论述。

1.1 海洋浮标的发展历程

海洋探测是研究海洋、开发海洋和利用海洋的基础。20世纪80年代美国就建立了全国永久性的海洋立体探测系统,英国、德国、日本、加拿大等国家也都在其邻近且有利害关系的海区及大洋布设了以岸基探测站和浮标为主的海洋探测系统。当前世界各国正不断采用最先进的海洋探测仪器,利用岸基站、船舶、卫星、浮标、雷达等多种探测手段对海洋环境进行高效率、全方位、立体化、全覆盖、网络化的海洋探测。

海洋浮标作为一种新兴的现代化海洋探测物,逐渐受到各海洋国家的重视。相比其他探测手段,海洋浮标可在恶劣的海洋环境条件下和浮标工作寿命内,对海洋环境进行自动、连续、长期的同步探测,即使在恶劣环境中,在其他现场探测手段都难以或无法实施探测的时候,海洋浮标仍能有效工作。作为离岸探测的重要工具,海洋浮标与调查船、调查飞机和海洋观测站一起,对海洋环境诸要素进行全面、综合的探测,比较直观、简便和经济。

海洋浮标技术研究开始于20世纪40年代末50年代初;60年代初,美国开始研制多要素观测的海洋资料浮标,其他国家如德国、英国、法国、加拿大、挪威、日本、意大利、苏联等也相继展开了浮标的研制工作;60年代末70年代初,海洋浮标的研制进程因以海洋石油开发为主导的海洋资源开发的兴起得到了加速;70年代后期,计算机技术和卫星通信技术在浮标应用中的出现,促进了浮标技术发展的飞跃,加快了浮标的应用进程。当前美国、日本等海洋发达国家逐步建立了其关键海域的浮标探测网,为海洋工程、海洋运输、海洋资源开发、海洋气象预报、海洋灾害预警及各类海洋研究等提供服务,海洋浮标在海洋探测应用中进入了商品化和实用化阶段。

海洋浮标在我国的开发研制始于20世纪60年代中期,经过起步阶段(1965—1975)、研究试验阶段(1975—1985)和实用化阶段(1985—1990)的不断发展,90年代正式投入使用。到目前为止,我国已经加入了海洋浮标探测的大国俱乐部。

海洋浮标是一种现代化的海洋观测设施,与卫星、飞机、调查船、潜水器及声波探测设备一起,组成了现代海洋环境主体探测系统。它浮于海面上并锚定在指定位置,具有无人值守、全天候、全天时稳定可靠地收集海洋环境资料的能力,并能实现环境信息数据的自动采集、标示及传输,广泛应用于海洋调查、海洋环境探测及变化预报、海域安全防范等领域,在海洋水文气象、渔业航海和国防安全等方面都有重要意义。据不完全统计,目前世界各国研制和使用的锚泊浮标有 200 多个,漂流浮标有 1 000 多个。

随着我国海洋强国战略的推进,对海洋环境进行全天候、全天时连续探测的海洋浮标探测技术将迅速发展,以满足海洋科研、工程设计、规划管理、环境预测预报及评价、海洋经济可持续发展和海洋环境条件保证等工作的需求。总体来说,海洋浮标的发展趋势将有以下几个方面:

(1)随着当前人类对海洋研究领域的逐步扩展,尤其对海洋浮标所收集的海洋资料信息的需求越来越多,采用先进技术、降低成本、提高可靠度、扩展功能、延长工作寿命、方便布放成为当前世界各国根据浮标技术发展趋势对海洋浮标重新设计和制造的主要宗旨。

(2)为满足海洋战略的推进,浮标布放将向多站位、高密度方向发展,形成全覆盖、立体化的海洋浮标探测网络,对近海潮位点、风暴潮、生态系统、河口探测、陆架水体运动、气象水文等各方面进行全天候、全天时的海洋探测。

(3)随着海洋研究、海洋探测和海洋开发的推进,海洋浮标的布放将向专题化方向发展,以满足海洋专题方面的需求,如海洋水文、海洋气象、海洋生物、海洋化学、海洋物理、海洋工程、海洋地质、海洋环境等各专题领域,以推动海洋科学更快地发展,更好地服务于国民经济和人民生活。

(4)随着全球对海洋的关注和开发利用,海洋探测数据的组织和管理也向规范化方向发展,我国相继出台了《海洋调查观测探测档案业务规范》(HY/T 058—2010)等标准规范,为海洋探测提供了准则,保证了海洋浮标探测数据组织和管理的标准化、规范化,为海洋探测数据的共享提供了基础平台。

1.2　海洋浮标探测系统的分类

1.2.1　按大小划分

海洋浮标按其大小可划分为大型浮标、中型浮标、小微浮标。大型浮标,直径通常大于或等于 10 m,造价高,容量大,寿命长,抗恶劣环境、抗破坏性强,适合长期定点测量。中型浮标,直径通常为 1～5 m,造价较低,运输、布放和维护方便,适合近岸海域水文气象或短期专题探测。小微浮标,直径通常在 1 m 以下,体积小,质量轻,成本低,便于快速布放和回收,也可用于一次性抛弃式波浪探测。

图 1.1 所示为目前常用的海洋浮标。

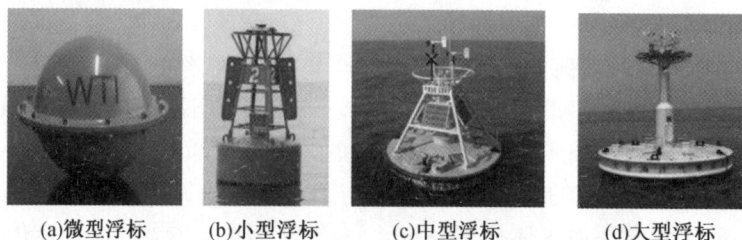

(a)微型浮标　　　(b)小型浮标　　　(c)中型浮标　　　(d)大型浮标

图 1.1　目前常用的海洋浮标

1.2.2　按功能划分

海洋浮标按其功能可划分为海洋水文气象浮标、水质浮标、导航浮标、波浪浮标、海洋光学浮标、海冰浮标、声呐浮标、通信浮标等。

1. 海洋水文气象浮标

海洋水文气象浮标通常是指直径不小于 10 m，能够全天候、连续、自动采集和传输海上水文气象资料的圆盘形浮标。其探测系统由浮体、锚系和岸站接收装置组成，浮体上承载各类传感器。主要观测项目包括风向、风速、气温、湿度、气压、降水、能见度、水温、盐度、波浪、海流、叶绿素含量和浊度等。观测资料可用于长期和短期的天气预报、海象预报和自然灾害(如飓风、海啸)警报等。在海洋环境探测中，海洋水文气象浮标是世界上应用最早、使用数量最多的一类浮标。回顾世界各国海洋浮标的发展历史，几乎无一例外，都是从研制海洋水文气象浮标起步的。我国海洋水文气象浮标探测系统研制起步最早，技术也最为成熟，目前尚在服役期的海洋水文气象浮标探测系统多为山东省科学院海洋仪器仪表研究所研制。这类浮标浮体体积较大，可加载多种仪器设备，在开展海洋综合探测应用方面潜力巨大，例如可开展定点定位海洋水文气象业务探测，或者可作为一些特殊仪器设备的海上工作平台等。

2. 水质浮标

水质浮标是一种探测海洋环境和海洋水产养殖区水质污染状况的浮标系统，由浮标、锚系和接收站等部分组成。水质浮标探测要素包括磷酸盐、硝酸盐、亚硝酸盐、氨氮含量，盐度，酸碱度(pH 值)，溶解氧，水温等，可自动完成数据实时采集、处理、存储及传输。浮标上还可以加载叶绿素含量、浊度、深度、电导率等探测仪器，用于海洋环境污染探测、港湾工程、水产养殖、赤潮预报和海洋研究。国家海洋技术中心和国家海洋环境探测中心等单位对海洋水质浮标探测系统的研制开发做了大量工作。

3. 导航浮标

导航浮标是保障海上船舶安全航行的重要设施，为海上船舶在夜间或雾天、阴天等恶劣条件下提供可视信号，为海上船舶安全导航。导航浮标通常由浮体、塔架、锚泊系统、导航设备和动力系统组成。导航浮标多为大型浮标，浮体直径一般大于 10 m，布置于航道的两侧，当能见度低于某一设定值时，航标灯将以某一个相同的闪烁频率同步导航。浮标塔架上还可以加载某些测量仪器，以收集海洋水文气象数据资料。船舶碰撞、台风过境都会造成船舶位置偏移，对船舶安全航行造成威胁。导航浮标的主要用途是为船舶安全航行导航，因此导航浮标的定位和偏移报警成为目前开发研究的关键技术。

4. 波浪浮标

波浪浮标是一种无人值守的能自动、定点、定时(或连续)地对海面波浪高度、波浪周期及波浪传播方向等要素进行遥测的小型浮标测量系统，主要由浮体、锚系和岸站三部分组成。浮体多为椭球形，直径通常在 1 m 以下，承载波高倾斜一体化传感器、数据发射机、发射天线、电池和锚灯；锚系多采用单 U 形环系留结构，便于水面浮体的固定；岸站部分包括岸站接收机和上位机，用于探测数据的接收和处理。波浪浮标可以实现对海洋波浪的长期、实时、定点观测，目前主要用于近海海洋探测站、近海海洋工程测量及海洋调查和考察等领域。中国科学院南海海洋研究所、中国海洋大学、山东省科学院海洋仪器仪表研究所等单位对波浪浮标都进行了比较深入的研究和探索，取得了丰硕的成果，积累了宝贵的经验，并已实现产品化生产,如 SZF 型波浪浮标和 OSB 系列波浪浮标。

5. 海洋光学浮标

海洋光学浮标是对海洋光学特性进行时间序列上的综合性检测的一种工具,由标体系统、通信系统、锚系和岸站接收中心组成。为减小浮标体及其上层建筑的阴影效应对光辐射测量的影响,保证高海况条件下浮标体的稳定性,中国科学院南海海洋研究所设计出由子、母浮标组成的海洋光学浮标探测系统,母浮标直径 2~2.8 m,子浮标略小。其承载的主要设备是光学仪器,可用于连续观测海面、海水表层、真光层乃至海底的光学特性,以获取相应层面的太阳辐射高光谱数据;也可加载实时图像探测系统,实现海面与水体实时采集数据的图像可视化。海洋光学浮标在海洋水色遥感现场辐射定标和数据真实性检验、海洋科学观测、近海海洋环境探测和海洋军事科学方面有着重要的应用价值。

6. 海冰浮标

海冰浮标是一种能够在北极和南极海域进行海洋环境探测的重要技术装备,由浮体、传感器和锚系组成。浮体直径小于 1 m;气象传感器安装在冰面以上,温度、盐度、深度传感器分别安装在冰下 5 m、25 m 和 50 m 深处;锚系配重,以减少水下系统的漂移。该浮标可以在恶劣环境下实现无人值守的全天候、全天时、长期连续观测,不仅可以探测海(冰)气交换界面的环境参数(如表层冰温、气温、气压、风向、风速),还可探测水下环境剖面参数(如温度剖面和盐度剖面);对于研究海冰生成与融化过程的环境条件、探测极区的气象与水文参数、追踪浮冰的漂流方向和路径,以及对洋流的研究均具有重要价值。我国在海冰浮标的开发和应用方面均投入了大量科研力量,推动了极地海冰浮标观测研究的进程,如 2003 年国家海洋技术中心就在北极布放了我国自行研制的极区卫星跟踪水文气象观测浮标,并取得了宝贵的海冰和气象等数据资料。

7. 声呐浮标

声呐浮标是探测水下目标(潜艇)的浮标式声呐仪,是一种水声遥感探测器。它与浮标信号接收处理设备等组成浮标声呐系统,用于军事领域航空反潜探测和固定声呐监视系统对水下潜艇的预警。声呐浮标通常分为航空声呐浮标和锚系声呐浮标两大类。航空声呐浮标装备于反潜巡逻机、反潜直升机和某些水上飞机上,由机上的投放装置以一定阵式逐个有序地布放在潜艇可能存在的区域四周,或遮拦在其航线前,形成浮标阵;反潜机布标后,在浮标区上空盘旋,监听浮标发来的信号,可获知某个浮标附近是否存在潜艇,并测得其位置和运动信息。航空声呐浮标又分为主动式和被动式两种,一般初始探测时主要使用被动浮标,进入攻击阶段再使用主动浮标对目标精确定位。锚系声呐浮标是在航空声呐浮标的基础上发展起来的,由飞机或舰船布设于海底,用于弥补固定声呐监视系统的探测盲区。中国船舶重工集团第七一五研究所(杭州应用声学研究所)和海军航空工程学院为我国声呐浮标的研制与应用做了大量工作。

8. 通信浮标

通信浮标(拖曳浮标)作为潜艇在水下实现与外界通信的媒介,是一种典型的通过一种组合的系留/传输线与潜艇相连接的水下运载工具,可实现潜艇与战斗群的信息互通,大大提升潜艇的隐蔽通信功能。另外,还有一种通信浮标,主要由浮体、锚系组成,用以完成水下测量装置与水面舰船平台或岸基平台之间的数据传输和指令中继。

1.2.3　按锚系划分

海洋浮标按是否有锚系可以划分为有锚系留浮标、无锚浮标。有锚系留浮标多为大型浮标,如导航浮标、水文气象浮标、水质浮标等,锚系置于海底,用于浮标定位,防止走标;少数为中小型浮标,锚系悬浮于水体中,用于定位浮体和减少水下系统的漂移,如波浪浮标和海冰浮标。无锚浮标没有锚系,悬浮于水体之上,在指令控制下上下运动,如潜艇通信浮标,可通过系留/传输线与潜艇相连接,实现信息传输。

1.3　海洋浮标探测系统的组成

海洋浮标探测系统通常由浮标系统、锚泊系统和岸站系统三部分组成。

1.3.1　浮标系统

浮标系统包括浮体、标架、供电系统、防护设备和各类传感器等。

1. 浮体

浮体是塔架和各类仪器、设备在海上的承载体,形状有圆盘形、圆柱形、船形、球形、椭球形、圆台形等。考虑到牢固耐用和减轻自身所受重力等要求,浮体材质多为复合型材料,如造船钢(3C)、聚氯乙烯(PVC)、铝合金、超强离子聚合胶、玻璃钢等;且除设备舱外,其他舱室均填充浮力材料。目前浮体生产已经实现国产化,如国家海洋技术中心、山东省科学院海洋仪器仪表研究所、中国船舶重工集团第七一五研究所等科研单位已经实现浮体产品化生产。今后的研究重点要向质量小、防腐、防生物附着、耐用等方向发展。

2. 标架

标架通常采用普通钢(A3)、不锈钢材质,上面安装气象传感器、警示灯、全球定位系统(global positioning system,GPS)定位仪、雷达反射器、太阳能电池板等。近年来又选用铝合金材料,在确保标架坚固耐用的同时减轻标体质量。

3. 供电系统

浮标通常被布放于远离岸边的海水中,这就要求其具有独立的供电系统。小型浮标一般配备一次性锂-锰干电池或碱性电池以提供能量。中型浮标均采用太阳能电池和蓄电池组合供电,例如厦门湾海洋水质在线探测浮标配置 3 块 MSX20R 型海洋级超强太阳能电池板,储电系统选用 100AH/20HRLCX1265CH 型高性能蓄电池,整个系统由太阳能电池板、保护电路和蓄电池组成。大型导航浮标因其结构和功能特点而采用柴油发电机供电,同时也配备蓄电池组。当前的常规方式是为海洋浮标探测系统配备太阳能电池,考虑到阴雨天气和风浪的影响,除常规太阳能电池以外,还可以考虑配备风力发电机、波浪发电机等,采用风光波能互补供电,保障海上长期阴雨天气、恶劣海况下的不间断供电。

4. 防护设备

为避免浮体及设备受外力(如渔船)冲击而损坏,在标架上安装警示灯和雷达反射器,同时在浮体最大直径外围及标架周边设置防撞橡胶圈。为能实时掌握浮标锚泊位置,浮标上还装有 GPS 卫星定位系统,浮标一旦发生漂移或丢失,可及时到现场修正或按移动轨迹找寻。

5. 防污损措施

为避免和减少海水侵蚀与生物附着对浮体的负面影响,保障正常工作,对浮体及水下仪器和锚系进行防污损处理是十分必要的。传统的做法是涂覆防污涂料,如氧化亚铜、氧化汞等无机毒物和有机锡化合物、有机铅等。近年来,通常采取对浮标水线以下部分设置牺牲阳极进行阴极保护的措施,并对浮标全部外表面进行喷铝防腐处理。在浮标下水前,水线以下表面涂覆长效防污漆,以防止海洋生物的附着。对浮标系统进行定期维护并清除附着生物也是一种有效的防护方法。

6. 传感器

不同功能的浮标承载不同类型、不同数量的传感器。水文气象浮标承载水文气象传感器,可探测风速、风向、气压、气温、流速、流向、水温等参数;水质浮标承载水质、营养盐传感器,可探测水温、酸碱度、盐度、溶解氧、营养盐(磷酸盐、硝酸盐、亚硝酸盐)、氨氮等参数,还可加测浊度、叶绿素含量和蓝绿藻含量等参数。此外,一些专项浮标承载温盐传感器、波浪传感器、光学仪器等,可获取深海温盐剖面数据、波浪数据、海洋光学特征数据等。目前,光照、水深传感器已经实现国产化,但水质、气象、营养盐传感器还主要靠进口,如美国 Wetlabs 公司生产的水质和磷酸盐传感器,芬兰 Vaisala 公司生产的六要素气象传感器,意大利 Systea 公司生产的三通道(氨氮、硝氮和亚硝氮)传感器。进口传感器不仅价格高昂,且试剂更换、仪器检修周期长,一旦发生故障,容易造成探测中断。虽然水质、气象、营养盐传感器也有国内产品,但相关技术参数与国际先进水平相比还存在一定差距,还需要国内相关科研单位继续努力。

7. 数据采集、存储和传输

海洋浮标探测系统数据采集普遍采用高可靠性、低能耗微处理机,各传感器在指令控制下开展自动、长期、连续探测数据的采集,如美国 Campbell Scientific Instrument 公司的 CR10X 型测试与控制系统。浮标上装有大容量存储卡或存储硬盘,可将各测量项目采集的数据快速存储。浮标的数据传输系统主要采用无线通信方式,目前应用较多的有全球移动通信系统(GSM)、码多分址(CDMA)和通用无线分组业务(GPRS)通信方式,以及 Inmarsat - C 海事卫星和铱星卫星通信方式。海洋浮标探测系统的数据采集与传输可同时进行,数据传输采用加密模块处理,确保数据传输安全,通过数据软件可浏览实时数据、报表;存储系统可采用太阳能和电池双相供电,不会因连续阴雨天气造成数据丢失;快闪存储器容量大,并可根据要求扩展容量,确保数据的存储安全。一旦遇到恶劣天气,可通过主控平台切断数据传输,但数据采集、存储仍能正常进行,不会造成恶劣天气时的数据漏测。

1.3.2 锚泊系统

锚泊系统由锚、锚链和系链环组成,它是浮标定位的重要设施。大型导航浮标定位常采用钢筋混凝土锚旋和大抓力锚,以防止走锚。中型水文气象、水质探测浮标通常采用全锚链单点系泊,锚锭为水泥沉块或钢锭,以钢丝绳或有挡铸钢锚链与浮体相连。也有少数采用三锚系留,以加强浮体的稳定性。锚泊系统的设计经验性很强,不只与锚、链组成有关,更与所投放浮标海域环境有关。海况良好的海域,风浪较小,锚由缆绳或钢丝绳系留固定;海况恶劣的海域,风浪大,除了增加锚重外,还要考虑选用弹性锚链系留,以缓冲风浪的冲击力,确保锚泊系统位于预定区域。淤泥底质海域可选用三叉抓锚,便于锚系抓陷固定;砂石底质海域通常选用锚锭固定,可以是单锚、双锚或多锚。

1.3.3 岸站系统

岸站系统由岸站计算机、卫星通信机、打印机和电源等设备组成,完成浮标传输数据的接收、处理和存储。岸站系统按照通信方式可分为两类:一类是短波通信接收岸站,接收短波通信机发来的信息,如 FZF2-1 型及 FZF2-2 型海洋资料浮标系统的接收岸站;另一类是卫星通信接收岸站,如 FZF2-3 型海洋资料浮标系统和水质探测浮标的接收岸站。

1.4　海洋浮标目标探测的意义及主要问题

一般来说,浮标在其水上部分装有气象传感器,用来测量风速、风向、气压、气温和湿度等气象要素;水下部分装有水文传感器,用来测量波浪、海流、潮位、海温和盐度等海洋传感要素。然而,随着海洋权益斗争形势的日趋激烈、复杂,海上侵权行为日益繁多,海洋浮标在海洋环境观测领域所起的作用也随着当前形势不断变化,在海域安全防范、入侵目标告警、海情海况态势探测等方面扮演着重要的角色,作为海域前线"哨兵"的军事功效日益凸显。我国已经在重点海域布置了监视浮标,一旦出现突发情况或地区形势紧张,其长期积累的数据就能够作为采取应对措施的依据。面对种类繁多的海上侵权行为和广阔的海域,我们所能采用的执法方式和手段,特别是在我国海上资源勘探平台周边及相关敏感区域态势的监视监控和信息侦讯技术,已远远落后于执法工作的实际需求。为了更好地满足中国海监相关部门对我国管辖海域(包括海岸带)实施巡航监视,查处侵犯海洋权益、违法使用海域、损害海洋环境与资源、破坏海上设施、扰乱海上秩序等违法违规行为,实施维权巡航执法,以及对海上重大事件的应急监视、调查取证等方面的重大需求,急需一套能够解决海洋浮标平台周边海域 360°、一定半径范围内的目标探测和环境监控,以实现对涉外侵权目标和行为的有效发现、监视、追踪和取证,并能为相关领导以及管理部门进行实时海上态势感知和指挥决策提供必要的信息。因此,新型浮标在实现周围水文气象等参数探测的同时,必须具备对周边海域及相关敏感区域态势的监视、监控和信息侦讯能力,而实现此能力最为有效和直接的手段就是采用视觉技术。

目前,视频监控及其处理技术已被广泛地应用于现代化海洋监控、船舶运营和管理当中,并成为该领域中一种不可或缺的应用方式。"视频"作为一种信息的载体和表述形式在海洋、船舶监控中正逐渐成为一种不可或缺的资源。因此,如何采用相关的处理方法,使视频在海洋浮标、船舶监控领域中更加有效地发挥自身的作用,成为目前研究的热点。然而,视觉技术应用在海洋浮标上至今尚无成功案例,究其原因主要有以下三点:

(1)由于风、浪、流的动力作用和随波运动的影响,海洋浮标在海水中会产生升沉和横摇运动,使视觉图像采集设备无法对海域目标正常成像,造成成像视场大幅摆荡和图像模糊,此类低频高幅值摇摆,使必须具备公共视域的视频序列电子稳像技术无能为力。

(2)为了实现浮标周围全方位(海域和空域)的目标探测,必须对常规视觉系统加装全方位机械运动云台。另外,为了补偿视觉成像系统摇摆运动,常将视觉和云台系统一起布置在动态稳定平台上,稳定平台和云台全天候工作所需的能源是依靠太阳能作为电源供给的浮标所无法提供的。

(3)海洋环境下视觉成像条件恶劣,周围目标特征不明显。首先,在海洋环境下基于视觉系统进行目标探测及环境监视时,经常会受到浪涌干扰(对目标进行遮挡,使目标姿态改变)和雾气干扰(影响成像质量,减少观测距离),因此必须对海洋环境下获取的视频图像进行清晰化处理,以提高其视觉效果。其次,海上目标信号强度较小,而背景和噪声占有较大比例,使得视觉图像信噪比较低。再次,海上环境复杂,波浪的起伏、海面对日光的反射和折射、雨雾天的干扰都会对海上目标特征的表现产生不利影响,从而影响海上目标识别和发现的准确性。

1.5 本章小结

综上所述,在海洋浮标这种特殊载体上布置视觉系统必须满足大视场、低功耗、抗摇摆等基本要求,且同时具备海洋环境下远距离目标的探测识别能力。针对此需求,本书作者结合前期多年对凝视全景视觉和海洋工程视觉处理技术研究经验,提出了一种基于全景视觉和常规变焦视觉技术相结合的双尺度可视化模式海洋浮标目标探测方案。如图1.2所示,此方案充分利用全景视觉成像系统"水平视场无死角、垂直视场抗摇摆、成像凝视一体化、360°大视场、轴线旋转不变性、可空间球面坐标定位、图像沉浸感强、系统无运动部件"等特点,实现浮标周围海域一定距离范围内的大视场环境"粗略"监视,当在其全景视域范围内发现可疑目标或需要对海域范围内定点精确观察时,全景视觉系统对视点定位解算后,激发处于休眠状态的常规变焦视觉系统,引导其通过宽范围光学变焦实现对既定视点的精确观察,这样利用全景视觉系统的广阔视场进行目标发觉,利用常规变焦视觉系统的远视能力来弥补全景视觉系统定焦成像及分辨率不足的缺点,且在浮标周围海域内未出现兴趣目标时,常规变焦视觉系统处于一种零功耗的休眠状态,而全景视觉系统由于没有运动部件,其采集图像的功耗很低,从而实现一种低功耗、高性能、适用于海洋浮标的立体、可视化目标探测系统,实现海洋环境条件下的大视场范围视频监控,对提高监控效果、减少设备数量、缩减成本、降低劳动强度有着重要的实际应用价值。

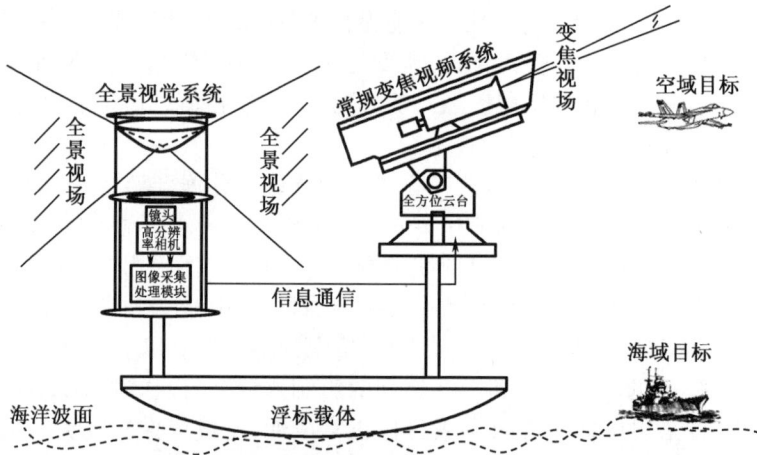

图1.2 双尺度可视化模式海洋浮标目标探测系统示意图

图1.2所示的双尺度可视化模式海洋浮标目标探测系统在实际应用过程中需要突破基于海洋浮标的可视化全方位目标探测识别系统设计技术、全景视觉技术及其在海洋浮标载体下的稳像方法、全景与常规视觉组成异构双尺度视觉系统的联合目标探测技术及基于海洋含雾图像的海域目标检测技术等核心技术。因此,本书以自主研制的国内首套应用于海洋浮标的可视化全方位目标探测识别系统为论述对象,结合科研团队成员多年科研及学术成果,将理论分析与实际系统应用相结合,重点讨论在海洋浮标动态载体平台下,基于全景与常规视觉混合系统实现对浮标周围远距离海域进行兴趣目标探测的相关技术内容。

第2章 海洋浮标可视化目标探测系统设计

本章主要论述海洋浮标可视化目标探测系统设计技术,对基于全景视觉与常规变焦视觉技术相结合的双尺度可视化模式的海洋浮标目标探测系统实现功能、主要设备组成及工作原理等内容进行了详细阐述。

2.1 系统组成

海洋浮标可视化目标探测系统安装在海洋探测浮标上,实现浮标周围一定距离的视域观察,并对观察范围内的船体进行目标探测和告警,实现浮标周围视域范围内的监视。该系统主要由全景视觉系统、宽范围光学变焦的常规视角图像采集子系统、嵌入式图像采集处理及数据传输子系统三部分组成。其组成如图 2.1 所示。

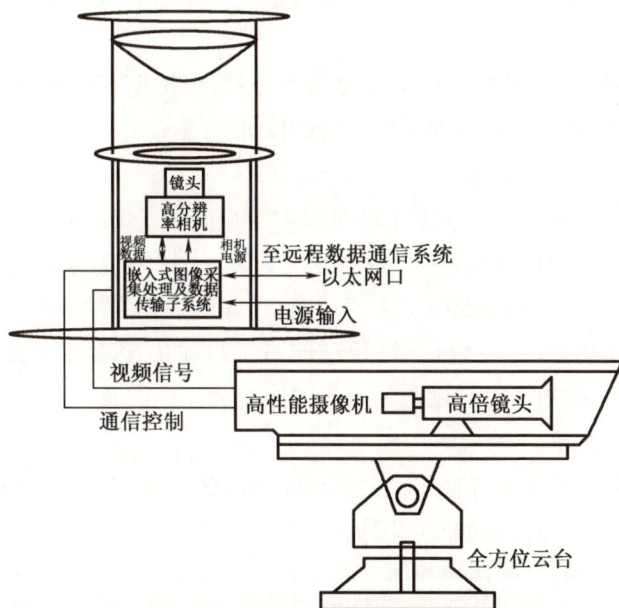

图 2.1 海洋浮标可视化目标探测系统组成框图

如图 2.1 所示,海洋浮标可视化目标探测系统将全景视觉应用到海洋浮标视频监控领域,充分利用全景视觉成像系统"成像一体化、360°大视场、旋转不变性"等优点,实现海洋环境条件下的大视场视频监控及目标发现。同时,系统配备一套具有宽范围光学变焦的常规视角图像采集装置,此装置采用高质量数字电荷耦合器(charge coupled device,CCD)相机,配合云台实现远距离目标的精确观察。嵌入式图像采集处理及数据传输子系统实现全景视频数据及常速视频数据的采集、目标识别、云台及镜头控制、图像压缩处理及传输等功能。

在系统值守工作时,全景视觉系统以较低的采集帧率在其视域范围内进行目标搜索及识别,宽范围光学变焦的常规视角图像采集装置处于休眠状态。当发现可疑目标时,该系统将目标所在方位信息通知给宽范围光学变焦的常规视角图像采集装置,通过云台转动将视角对准目标,进行精确观察。

2.2　系　统　功　能

海洋浮标可视化目标探测系统具有如下功能:

1. 全方位图像获取功能

用全景视觉作为取景装置,能够实现水平方向360°、垂直方向210°范围内的图像获取,有效避免了常规视觉系统视角观察区域窄、视域受限等问题,可以保证浮标在摇摆过程中,仍然能够拍摄到全景图像。

2. 宽范围光学变焦的目标精细观察功能

采用宽范围光学变焦的常规视角高分辨率数字 CCD 相机,对全景视觉视场中发现的目标进行精确观察,有效避免了云台盲目搜索过程中造成的功率消耗和目标丢失等问题。

3. 图像存储功能

系统工作时,能够定时对所获取的图像进行存储,也能够实现对包含典型目标图像的自动高帧率存储,实现对监控视域内目标入侵的取证。

4. 自动目标发现及告警功能

海洋浮标图像信息采集系统采用全景视觉装置实现全方位的观察和目标搜索,当发现视场中存在可疑目标时,通过对目标的相对方位计算,引导常规视角相机装置转向目标所在方位,通过变焦实现目标图像的精细观察和采集,并对采集到的图像进行自动目标识别,自动发现可疑目标,同时发出告警信号,通过网络接口输出至无线装置,引起监管人员注意,并可结合监管人员的指令对视域内的目标实施继续监视或者放弃监视。

5. 采集图像输出功能

系统采集到的图像可以通过百兆以太网传输至图像发射装置,图像输出可以是全景图像输出,也可以是包含兴趣目标的局部图像输出。

6. 图像采集粗精观察自动切换功能

系统中全景视觉系统采用的高分辨率科学级相机分辨率为 4 096(H)[①]×3 072(V)[②] px[③],拍摄帧率约为 25 f[④]/s。宽范围光学变焦的常规视角相机采用分辨率不低于 768(H)×

---

① 　H,即 horizontal,表示横向。
② 　V,即 vertical,表示纵向。
③ 　px,即 pixel,表示像素。
④ 　f,即 frame,表示帧数。

576(V) px 的数字 CCD 相机,其拍摄帧率约为 25 f/s。在系统值守工作时,宽范围光学变焦的常规视角相机处于休眠状态,全景视觉系统按照预定的较低帧率对周围环境取景,并发现视场中的可疑目标。当发现可疑目标时,嵌入式图像采集处理及数据传输子系统将目标的方位传送给常规视角相机,控制云台将常规视角相机视角方向转向目标方位,对目标进行跟踪并精细观察,然后将采集到的图像通过网络输出至监控中心,监控人员通过远程传输系统可以改变相机的焦距,实现目标的细致观察。

7. 系统低功耗嵌入式处理功能

为了满足浮标设备的低功耗、小体积的要求图像采集系统使用嵌入式系统设计,将图像采集、图像输出、数据通信、图像显示及图像处理等功能集成到一个嵌入式图像采集处理及数据传输子系统中。采用微处理器技术可在实现系统功能的同时,保证系统的低功耗及小体积。

2.3　系统工作模式

海洋浮标可视化目标探测系统在工作过程中具备两种工作模式:待机值守模式和监视取证模式。系统开始工作后,即进入待机值守模式,在此模式下,仅全景视觉系统对视域范围进行固定周期的取景。图像采集周期可以事先设定,也可以通过远程无线数据传输系统远程修改。采集到的全景视觉图像经过嵌入式图像采集处理及数据传输子系统依据目标识别算法进行兴趣目标搜索处理后,将全景图像经过压缩传输至远程无线数据通信系统,供监控中心观察。如果对全景图像进行目标搜索和识别处理后未发现兴趣目标,则海洋浮标图像信息采集系统继续在待机值守模式下工作;如果发现了可疑目标,则整套系统的工作模式立刻转移到监视取证模式。首先全景视觉系统提高自身采集图像的帧率,并不断计算目标的方位角度,以引导常速相机云台转向目标所在方位,并启动常速相机进行视频采集,实现对目标的精细观察。嵌入式图像采集处理及数据传输子系统将采集到的常速视频数据压缩处理后,连同告警信号一起传输到无线数据通信系统,供监控中心人员观察。监控人员可以通过发送远程控制命令,实现云台方位角、俯仰角及高倍率光学变焦镜头的控制。此时海洋浮标图像信息采集系统将采集到的全景视频数据和常速视频数据均压缩后,以一定时间间隔存储到系统自身的固态视频数据存储器上,实现可疑目标的入侵取证。当监控人员对可疑目标进行鉴别后,可以发送命令将海洋浮标图像信息采集系统由监视取证模式切换为待机值守模式,此时,海洋浮标图像信息采集系统根据自身的历史目标识别模块的记录,在没有新目标出现的情况下,一直在待机值守模式下工作,直到新目标出现后,才进入监视取证模式。海洋浮标可视化目标探测系统工作流程如图 2.2 所示。

```
┌─────────────┐                              ┌─────────────────┐
│  系统上电启动  │                              │   进入监视取证模式   │
└──────┬──────┘                              └────────┬────────┘
       │                                              │
       ▼                                              ▼
┌─────────────┐                         ┌─────────────────────────┐
│  进入待机值守模式 │◄──┐                    │ 依据全景视觉系统的方位角转  │
└──────┬──────┘   │                     │ 动云台,启动常规视觉相机进  │
       │          │                     │ 行拍摄,并接收控制信号     │
       ▼          │                     └───────────┬─────────────┘
┌──────────────┐  │                                 │
│ 仅全景视觉系统按照预定较低频率,│                         ▼
│ 以低耗能模式采集全景图像 │                    ┌─────────────────────────┐
└──────┬───────┘  │                     │ 将包含目标的全景图像和常规视  │
       │          │                     │ 角图像发送到远程无线数据通信  │
       ▼          │                     │ 系统,同时传送告警信号     │
┌──────────────┐  │                     └───────────┬─────────────┘
│ 将采集到的图像实时展开、还原,│                        │
│ 并对场景信息进行目标识别和搜索 │                        ▼
└──────┬───────┘  │                     ┌──────────────────┐
       │          │                     ╱  监控人员判断是否   ╲     否
       ▼          │                     ╲  继续密切监视      ╱────────┐
┌──────────────┐  │                     └────────┬─────────┘        │
│ 启动历史目标识别判别器,避免 │                        │是                │
│ 同一目标的重复告警 │                            ▼                 │
└──────┬───────┘  │                     ┌─────────────────┐       │
       │          │                     │  继续工作在监视取证模式 │◄──────┘
       ▼          │                     └────────┬────────┘
    ╱────────╲    │                              │
   ╱ 视场范围内是否出 ╲  有                        ▼
   ╲ 现新的典型目标  ╱───┘                    ╱────────────╲    否
    ╲────────╱                           ╱ 监控人员是否   ╲─────────┐
       │无                               ╲ 取消密切监视   ╱         │
       ▼                                  ╲────────────╱          │
┌──────────────────┐                           │是                │
│ 以每间隔5 min(或指定时间)保存一 │                    │                 │
│ 帧图像的方式,进行压缩图像存储 │                    └─────────────────┘
└──────┬───────────┘
       │
       ▼
┌──────────────────┐
│ 按照每间隔5 min(或指定时间)将 │
│ 全景图像通过网络输出到远程 │
│ 无线数据通信系统 │
└──────────────────┘
```

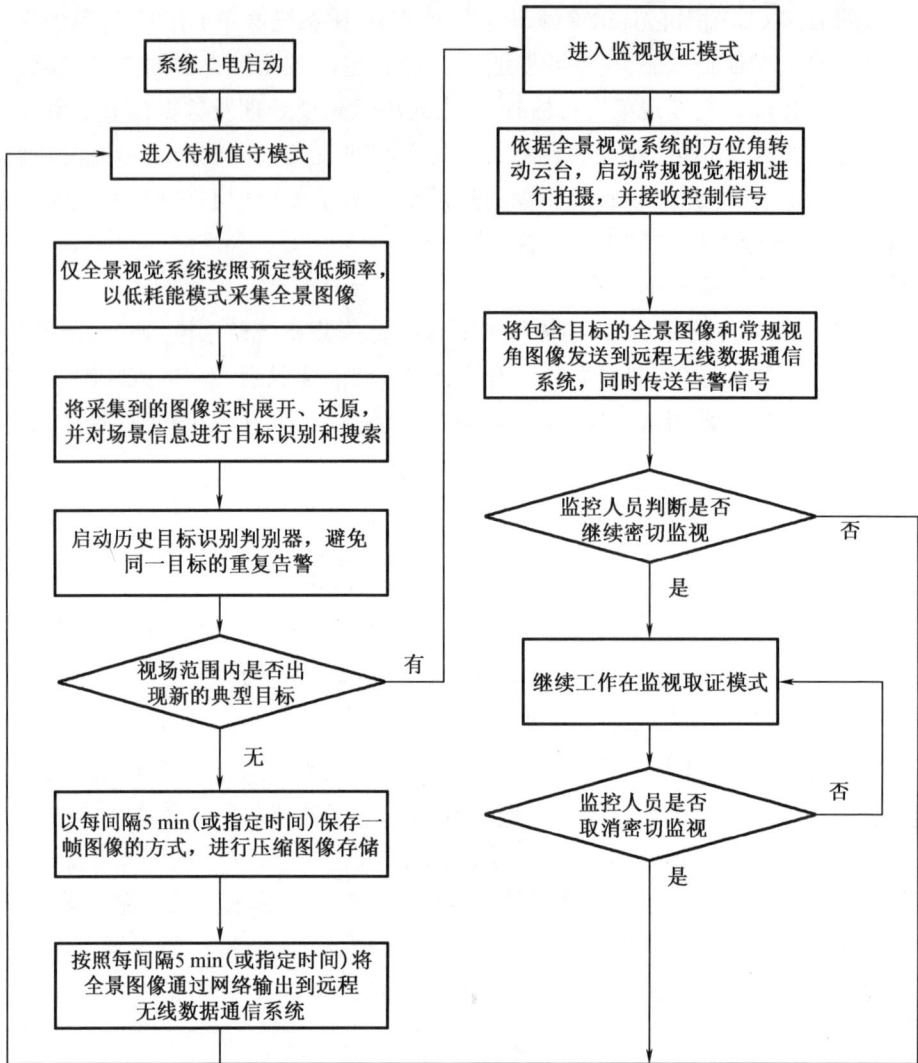

图 2.2　海洋浮标可视化目标探测系统工作流程图

2.4　系统设计方案

如前所述,海洋浮标可视化目标探测系统主要由全景视觉系统、宽范围光学变焦的常规视角图像采集子系统、嵌入式图像采集处理及数据传输子系统三部分组成。下面分别对它们的设计方案进行详细介绍。

2.4.1　全景视觉系统设计

全景视觉系统主要由双曲面反射镜、高分辨率科学级相机、高品质镜头、全景取景装置、防尘/防水玻璃护罩等部分组成。全景视觉图像采集子系统组成如图2.3所示。

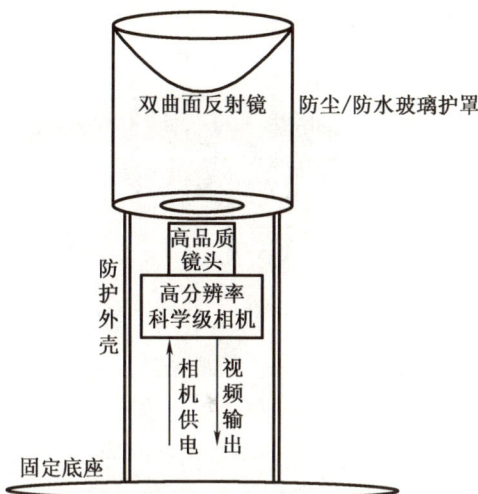

图 2.3　全景视觉图像采集子系统组成框图

1. 双曲面反射镜设计

系统中的双曲面反射镜作为取景元件,主要用来对周围物体成像,使相机能够拍摄到水平方向 360°、竖直方向不小于 180°范围内的物体。双曲面反射镜根据不同观察需求,其竖直方向视场可调节,并采用镀膜技术,因此其表面具有较高的表面反射率。双曲面反射镜作为全景视觉系统的关键部件,其设计、加工、制作均必须严格按照规定步骤进行。必须首先设计双曲面反射镜的母线方程,通过单视点约束条件,综合系统结构、镜头参数、相机参数对设计的双曲面母线进行验证,根据验证结果修正双曲面母线。

在设计过程中,首先通过哈尔滨工程大学自主开发的自动反射镜镜面设计软件,输入必要参数,绘制出双曲面母线,并根据双曲面母线进行转换绘图,得出所设计的双曲面反射镜的立体效果图,如图 2.4 所示。

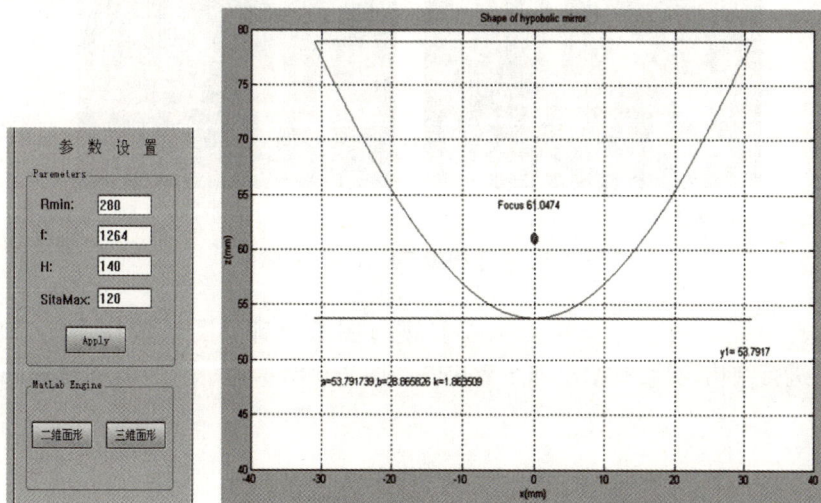

(a)

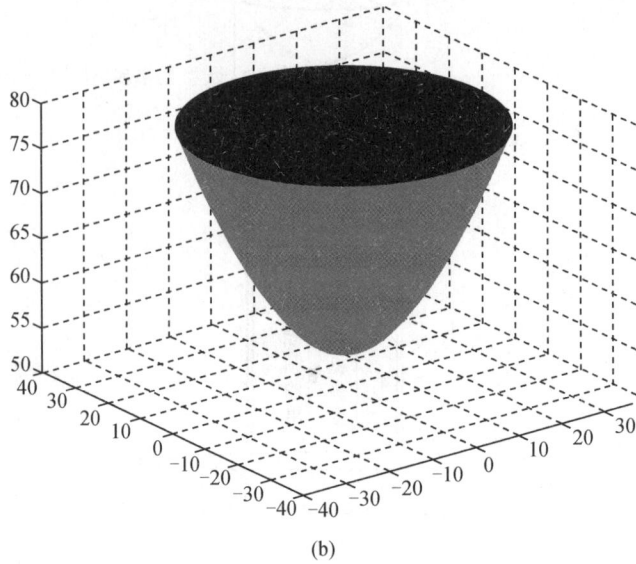

(b)

图 2.4 双曲面母线及反射镜的立体效果图

　　双曲面反射镜设计出来后,并不能保证满足系统的折反射要求,故要对所设计双曲面反射镜进行光路仿真试验。在试验过程中,采用哈尔滨工程大学自主开发的全景视觉三维光路仿真软件,通过输入双曲面反射镜参数,实现双曲面反射镜折反射模式的全景视觉光路仿真,根据仿真得出的成像图像,可以验证所设计双曲面反射镜的性能。全景视觉三维光路仿真结果如图 2.5 所示。

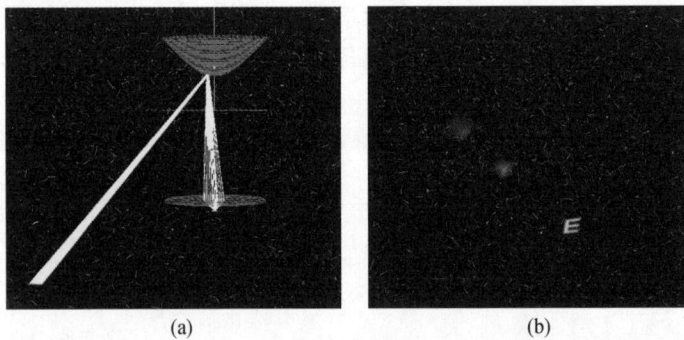

(a)　　　　　　　　　　　　　(b)

图 2.5 全景视觉三维光路仿真结果

　　经过仿真验证后的双曲面反射镜需要进行图纸设计。图纸设计采用 AutoCAD 及 Solid Works 进行结构设计,并给出加工效果图。图 2.6 所示为一双曲面反射镜的加工图纸及效果图。

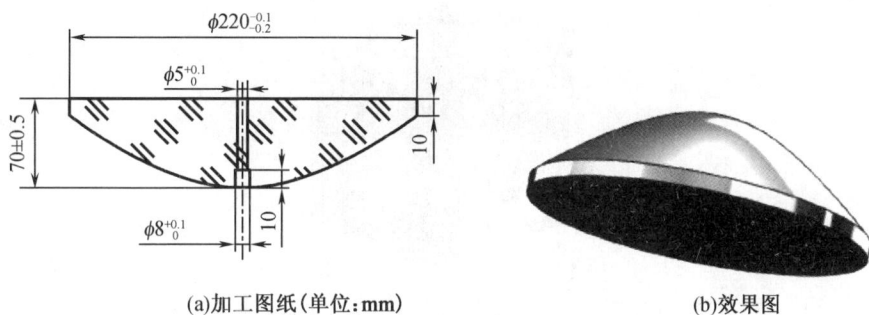

(a)加工图纸(单位:mm)　　　　　　　(b)效果图

图 2.6　双曲面反射镜的加工图纸及效果图

将设计的反射镜交付光学加工单位进行加工,加工过程如下:

(1)根据设计尺寸备料,材料选用 K9,2 级应力。采用此材料的优点是容易获得优质镜面。

(2)根据图纸要求,将其粗磨成型,使其基本达到所需外形、尺寸,要求加工完成时表面 280#砂磨透,且倒角为 $1 \times 45°$。

(3)细磨抛光,以标准卡板为基准,先用 302#砂磨去 280#砂眼,然后用 303#砂磨去 302#砂眼,再用 303.5#砂磨去 303#砂眼,且表面面型与标准卡板之间无缝隙。

(4)抛光表面,要求双曲面弥散圆在 0.3~0.5 mm。

(5)采用与之相适的配光学补偿系统对双曲面的面型进行检测,通过光补偿器使双曲面弥散圆达到 0.1 mm 左右。

(6)采用真空镀膜,保证镀膜均匀。按照 GB 1321—1977 进行真空镀铝后阳极氧化加固。

2. 防尘/防水玻璃护罩设计

防尘/防水玻璃护罩配合支柱用来支撑双曲面反射镜,玻璃护罩采用增透技术提高光线透过率,同时玻璃护罩起到对相机和反射镜的保护作用。防尘/防水玻璃护罩要求坚固,透光性好,表面平整度和光洁度好。

3. 高分辨率科学级相机设计

高分辨率相机采用拍摄帧率为 25 f/s,图像分辨率为 4 096(H) ×3 072(V)px 的科学级相机,并以 Cameralink 接口的形式输出成像数据,相机的型号为 CSC12M25BMP19C。高分辨率相机外形及尺寸如图 2.7 所示。

高分辨率相机具有以下技术指标:

(1)分辨率为 4 096(H) ×3 072(V) px,拍摄帧率为 25 f/s;

(2)8 bit、10 bit 输出模式;

(3)具有 Bayer 彩色功能;

(4)Cameralink 输出接口;

(5)成像靶面面积:24.576 mm×18.432 mm;

(6)像元大小:6 μm;

(7)电源:12 V DC ±10%;

(8)最大功耗:5.4 W。

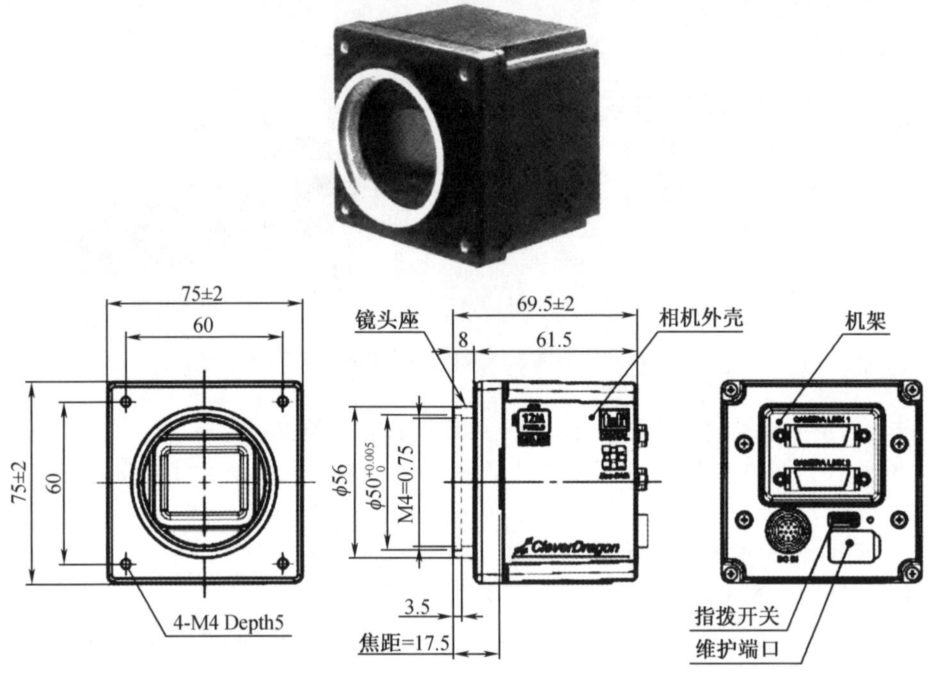

图 2.7　高分辨率相机外形及尺寸图(单位:mm)

4. 高品质镜头系统设计

为了满足全景视觉系统大视角、短焦距、大景深的要求,要为相机配备高品质镜头。对于任何一个成像系统,不论采用什么样的几何结构和成像方式,镜头都是影响成像质量的一个非常重要的因素。选择镜头首先要考虑的几个关键要素有镜头接口、焦距、光圈和调焦方式等,还要考虑诸如镜头尺寸应大于或等于相机成像面尺寸、环境光线的变化、最佳成像范围、镜头接口与相机接口一致等因素。目前市场上销售的镜头接口主流是"尼康口"和"佳能口"两大类。选定接口之后,要根据实际需要考虑焦距的范围,选择定焦镜头或者变焦镜头。焦距小于 20 mm 的镜头称为短焦镜头,也称为广角镜头;焦距在 100 mm 以上的镜头称为长焦镜头。对于全景视觉系统来说,因为相机直接拍摄的是一个反射镜而不是现实的景物,需要根据不同的成像需求不断对镜头进行调节,所以全景视觉系统选择"三可变"镜头,即手动光圈、手动调焦和手动变焦。实际系统中选择尼康 24~85 mm 变焦镜头(图 2.8)。

图 2.8　尼康 24~85 mm 变焦镜头

此镜头采用非球面镜片和复合型非球面镜片各 1 片,能够均衡地抑制各种像差,具有优异的光学性能。其主要性能指标如下:

（1）镜组结构：11 组 15 片；

（2）最小光圈：F22；

（3）最大放大倍率：5.9:1 倍；

（4）滤光镜口径：72 mm；

（5）尺寸：78.5 mm（直径）×82.5 mm（长度）；

（6）质量：约 545 g。

5. 全景取景装置结构设计

全景取景装置结构设计主要是确定相机和双曲面反射镜的相对位置。首先根据反射镜的直径设计固定反射镜的顶板尺寸，然后根据全景成像的原理大概确定相机的位置。相机的位置设计成可调结构，也就是说，相机可以在水平和竖直方向进行位置微调，用来调整全景成像。同时考虑安装的方便，结构设计成可拆装型，便于拆卸和搬运。全景取景装置结构如图 2.9 所示。

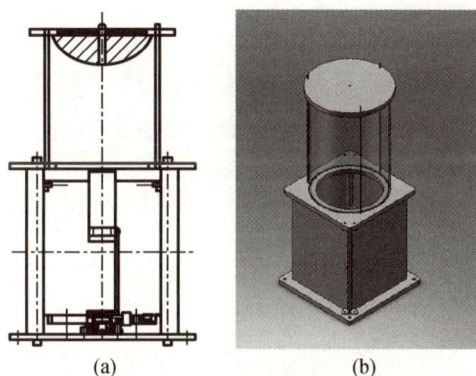

(a)　　　　　　　　(b)

图 2.9　全景取景装置结构图

2.4.2　宽范围光学变焦的常规视角图像采集子系统设计

宽范围光学变焦的常规视角图像采集子系统主要由高质量 CCD 相机、高倍率变焦镜头、全方位云台等部分组成。其组成如图 2.10 所示。

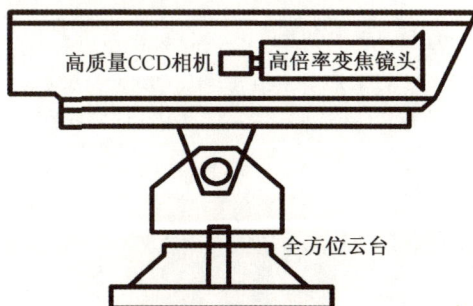

图 2.10　宽范围光学变焦的常规视角图像采集子系统组成图

1. 高质量 CCD 相机设计

CCD 相机用于对兴趣目标进行精细成像，鉴于镜头与相机的靶片之间的约束关系，系统中选用 MTC – 22K9H 型工业模拟相机（图 2.11）。

图 2.11　MTC‐22K9H 型工业模拟相机

其性能指标如下:

(1)CCD 传感器尺寸:1/2 in①;

(2)CCD 总像素:795(H) ×596(V)px;

(3)最低照度:0.05 lx;

(4)水平清晰度:600 线;

(5)增益控制模式:自动增益控制(ON/OFF 可切换);

(6)信噪比:52 dB(最小)/60 dB(最大)(自动增益关闭);

(7)自动光圈:视频驱动/电子快门/直流驱动;

(8)镜像功能:ON/OFF 可切换;

(9)数字放大(2 倍)功能:ON/OFF 可切换;

(10)背光补偿功能:ON/OFF 可切换;

(11)工作环境温度:−20 ~50 ℃;

(12)电源: 12 V DC;

(13)功耗:150 W。

2. 高倍率变焦镜头设计

为了满足对远距离目标的清晰成像,系统选用高倍率变焦镜头。本书所介绍的系统中选用富士能 D60 ×12.5 长焦变倍镜头(图 2.12)。

其性能指标如下:

(1)相机接口:C 口;

(2)焦距:12.5 ~750 mm,25 ~1 500 mm (2 ×);

(3)操作方式:电动变焦,电动聚焦,自动光圈(Video 驱动);

(4)视角(H ×V):广角端为 28°43′× 21°44′,14°35′×10°58′(2 ×),长焦端为 0°29′× 0°22′,0°15′×0°11′(2);

(5)最小物距:5 m;

(6)出射光瞳(从成像面):−77 mm/−38 mm(2 ×)。

3. 全方位云台设计

系统中云台实现对常规视频相机的视场角度调节,具备水平方向旋转和垂直方向转动两个自由度的运动。本系统中选用 HDS3081 型云台,如图 2.13 所示。

---

① 　1 in =2.54 cm。

图 2.12　长焦变倍镜头

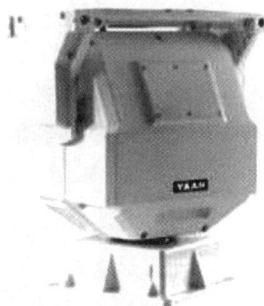

图 2.13　HDS3081 型云台

此型云台具有强风结构设计,具有掉电自锁功能,低速运行平稳,高重复精度,高电磁兼容性,最大承载 50 kg,RS422 全双工通信,支持角度回传功能,强大的 OSD 菜单,支持多种扫描模式、指令解析等功能,配备水平水准仪,适用于对大面积区域的监控,可广泛应用于森林防火、海岸边防、跨河(海)大桥、高速公路等重要领域。云台和模拟相机组装后的宽范围光学变焦的常规视角图像采集子系统如图 2.14 所示。

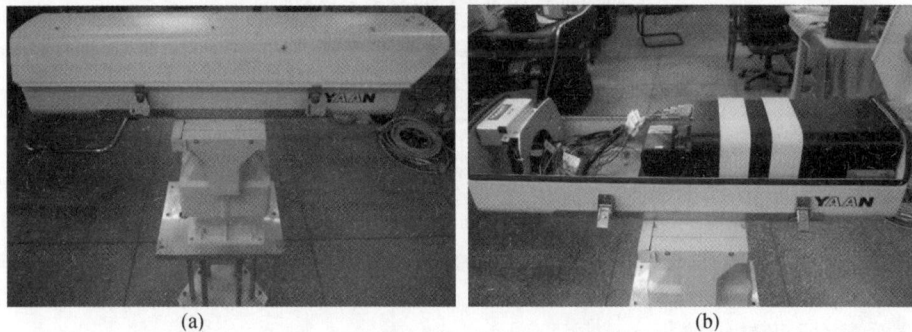

(a)

(b)

图 2.14　宽范围光学变焦的常规视角图像采集子系统

2.4.3　嵌入式图像采集处理及数据传输子系统设计

嵌入式图像采集处理及数据传输子系统是海洋浮标图像信息采集系统的核心,主要完成对全景视觉图像的读取和处理,以及目标搜索和目标识别;根据目标识别的结果,控制常规视角图像采集子系统进行目标精细观察;采集常规视角相机图像,对图像中的目标进行进一步识别分析;将图像数据压缩编码处理后输出到远程数据通信系统中,供监控中心人员鉴别及取证。在运行嵌入式图像采集处理及数据传输子系统时,要求在满足其功能的基础上,具备多种工作模式,保证系统在无目标出现时处于低功耗的值守模式,有目标出现时处于正常工作的监视模式。嵌入式图像采集处理及数据传输子系统采用嵌入式处理系统配合图像采集板卡实现既定功能,其结构如图 2.15 所示。

图 2.15 中主板模块为中央处理器(CPU)模块,为整个嵌入式处理和核心处理单元,扩展底板实现系统诸如通用串行总线(USB)、以太网、串口等外设接口,Cameralink 视频采集卡及其托板实现全景视觉系统高分辨率 Cameralink 视频信号的采集,模拟视频采集卡及其托板实现常速视频数据的采集。各板卡通过 CPCI 总线与连线底板相连。嵌入式图像采集处理及数据传输子系统的主要对外接口如下:

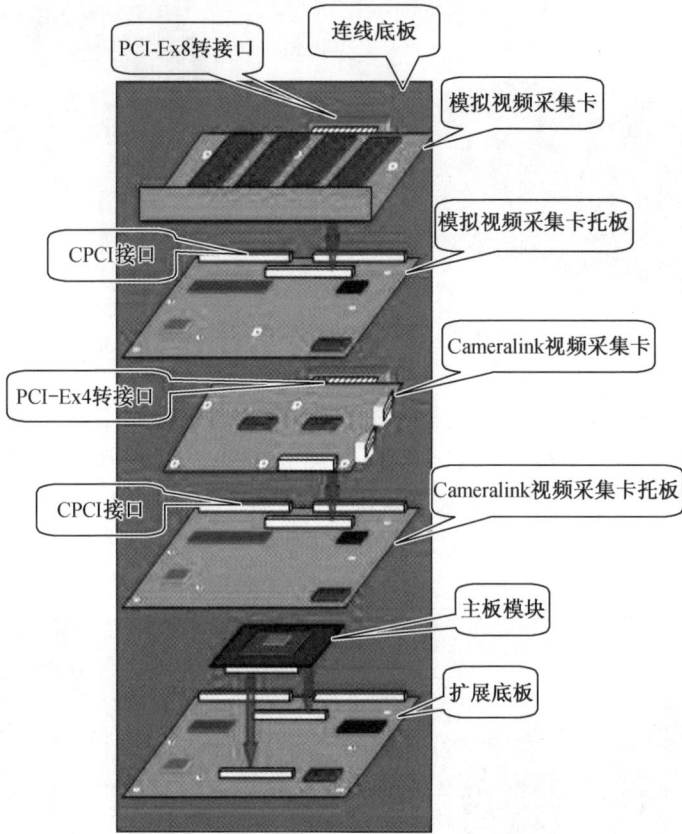

图 2.15　嵌入式图像采集处理及数据传输子系统结构框图

(1)电源输入及输出接口;

(2)Cameralink 视频数据采集接口;

(3)模拟视频采集接口;

(4)云台控制接口;

(5)网络输出接口。

1. 主板及扩展底板模块设计

为了满足浮标设备的低功耗和小体积,图像采集系统使用嵌入式系统设计,将图像采集、图像输出、数据通信、图像显示和图像处理等功能集成到一个嵌入式图像采集处理及数据传输子系统中。其主板及扩展底板采用全加固结构,CPU 采用 core2 低功耗,2 GB DDRⅡ内存,16 GB SATAⅡ电子盘。扩展底板及接线板具备 PCI－Ex4 扩展槽一个,PCI－Ex16 兼容 x8 扩展槽一个,所有板卡通过 CPCI 连接器和背板连接。采用 82574 双千兆网控制芯片实现双路 10/100/1 000 Mb/s 接口,满足图像数据和通信信息的传输要求。系统留有视频图形阵列/低压差分信号传输(VGA/LVDS)显示设备接口,方便调试。系统配备了 CF/IDE 存储硬盘接口,为系统运行和数据存储提供存储容量。主板及扩展底板的组成如图 2.16 所示。

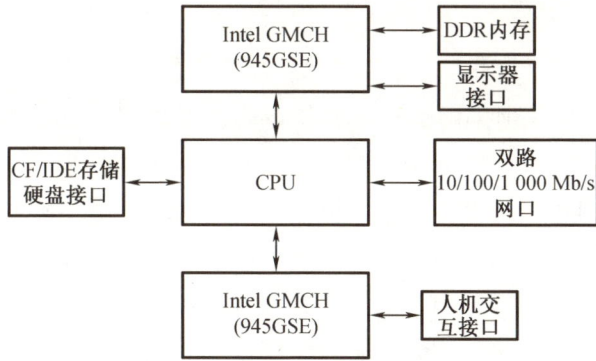

图 2.16　主板及扩展底板的组成方框图

2. Cameralink 视频采集卡设计

Cameralink 是串行通信协议。它基于美国国家半导体公司的通道链路接口,经过扩展可支持通用 LVDS 数据传输。Cameralink 规范由自动图像协会(Automatic Image Association, AIA)提供支持,对相机接口、电缆和抓帧器进行了标准化,用于转换相机数据,通常通过 PCITM 或者 PCIe® 总线将数据传送至计算机。Cameralink 接口适合机器视觉系统和智能相机等应用。Cameralink 支持多种配置:基本配置使用 24 位像素数据及 3 位视频同步数据来实现最大 255 Mb/s 的视频吞吐量;中等配置增加了另外 24 位数据,实现 510 Mb/s 的视频吞吐量;全面和扩展配置使用 64 位数据(或者更宽),实现 680 Mb/s(或者更大)的视频吞吐量。系统中所使用的 Cameralink 视频采集卡参数技术指标如下:

(1)型号:MicroEnableIV – AD4 – CL;

(2)数据接口:Cameralink Full;

(3)计算机数据接口:PCI – Ex4;

(4)工作温度: – 20 ~ 50 ℃;

(5)外形尺寸:168 mm(长)×111 mm(宽)。

Cameralink 视频采集卡外形如图 2.17 所示。

图 2.17　Cameralink 视频采集卡外形图

3.模拟视频采集卡设计

为了采集模拟视频信号,并对视频信号进行压缩处理,采用海康威视的 DS－4208HFV 型 4CIF/2CIF/CIF/QCIF 实时编码压缩卡,压缩编码采用 H.264 编码,此卡高性能、低功耗,能够实时完成视频压缩,不丢帧,可设置编码的帧格式(I、P 帧序列),可设置图像质量和码率,可设置视频信号的亮度、色度、对比度、饱和度,支持运动检测,支持屏幕字符信息叠加、标识叠加和区域屏蔽。其性能指标如下:

(1)接口规范:符合 PCI 2.2 规范;

(2)视频压缩标准:H.264(MPEG－4/part10);

(3)支持视频输入路数:8 路;

(4)视频输入接口:BNC(电平 1.0 V_{p-p},阻抗 75 Ω);

(5)支持制式:PAL、NTSC;

(6)预览分辨率:4CIF;

(7)帧率(f/s):1～25(PAL),1～30(NTSC);

(8)功耗:小于 4 W。

DS－4208HFV 型视频压缩卡外形如图 2.18 所示。

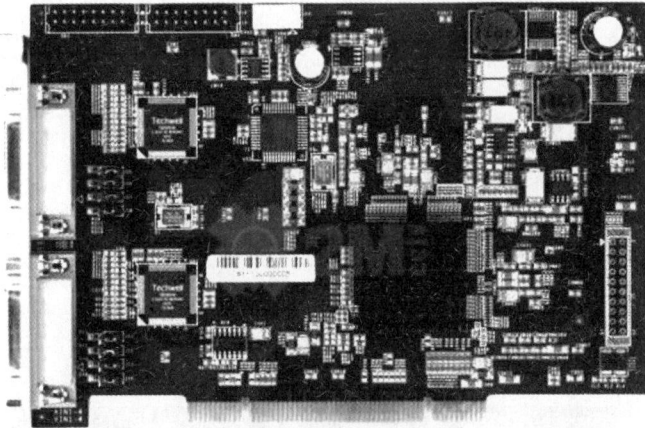

图 2.18　DS－4208HFV 型视频压缩卡外形图

为了保证嵌入式图像采集处理及数据传输子系统的可靠性,所有板卡通过 CPCI 连接器与背板连接,各板卡和背板连同电源一起封装在加固、防震、防腐外壳内,通过高密度接插件实现对外设备的连接,外壳效果及设计图如图 2.19 所示。CPCI 是国际工业计算机制造者联合会于 1994 提出来的一种总线接口标准,是以 PCI 电气规范为标准的高性能工业用总线。它具有高可靠性、气密性、防腐性的优点。

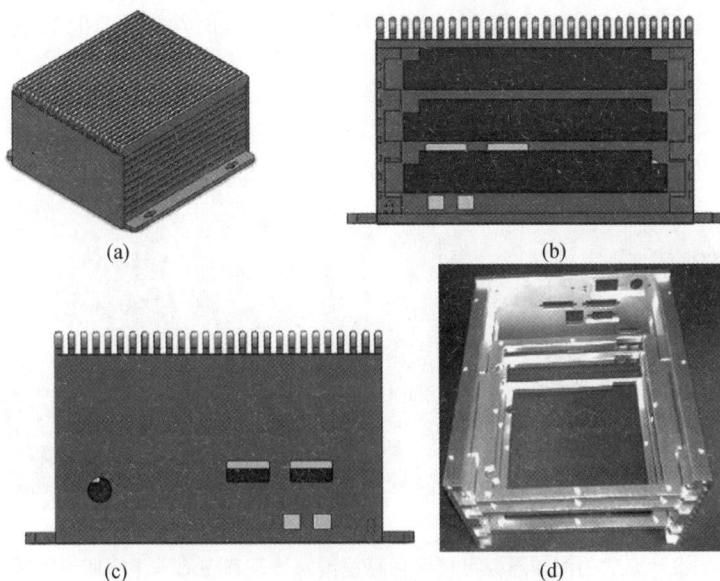

图 2.19　嵌入式防护外壳效果及设计图

为了方便调试,为系统配备手持式显示控制器,此控制器具备系统图像显示功能和触摸控制功能。其性能指标如下:

(1)显示对角线尺寸:12.1 in;

(2)显示面积:246 mm(H)×184.5 mm(V);

(3)分辨率:1 024×768×3(RGB);

(4)视角:水平、上下 80°/80°/80°/60°;

(5)亮度:最高 400 Cd/m^2;

(6)面板类型:TN;

(7)面板工作电压:3.3 V;

(8)模组工作电压:12 V DC 可否兼顾 220 V AC 供电;

(9)功耗:典型 6 W;

(10)背光平均故障间隔时间(MTBF):不小于 50 000 h;

(11)信号接口类型:面板采用 LVDS,模组采用 J30J-21 高密度军标连接器(RGB)。

手持式显示控制器外形如图 2.20 所示。

图 2.20　手持式显示控制器外形图

设计完成的海洋浮标可视化目标探测系统及其在海洋浮标顶部的装配情况如图 2.21 所示。

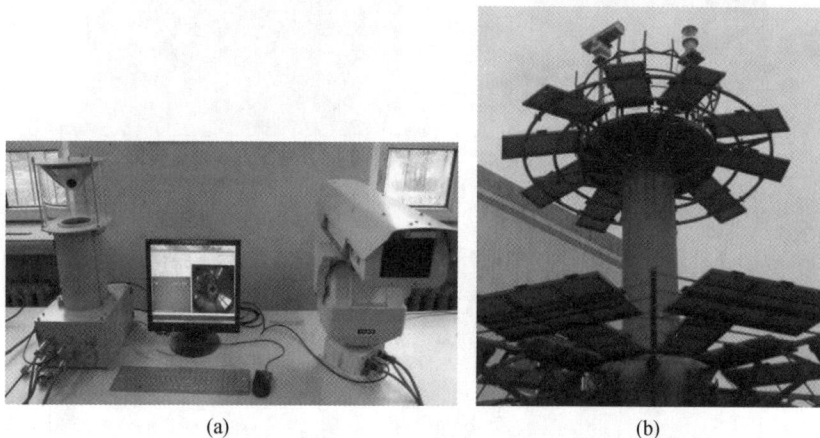

(a)　　　　　　　　　　　　　　　　　　(b)

图 2.21　设计完成的海洋浮标可视化目标探测系统及其在海洋浮标顶部的装配情况

2.5　本 章 小 结

本章主要论述了海洋浮标可视化目标探测系统设计技术,对全景视觉系统的双曲面反射镜、高分辨率科学级相机、高品质镜头等关键部件设计方法进行了详细论述,并讨论了宽范围光学变焦的常规视角图像采集子系统中的模拟相机和变焦镜头的选型,最后对嵌入式图像采集处理及数据传输子系统的设计进行了深入阐述。

第3章　全景视觉系统设计及电子稳像技术

第2章中对海洋浮标可视化目标探测系统中的全景视觉系统的组成进行了简要说明。本书所采用的全景视觉系统为折反射全景成像方式,主要用来发现浮标周围全方位场景中的兴趣目标。本章以海洋浮标可视化目标探测系统中采用的全景视觉系统为讨论对象,重点论述了全景视觉成像的原理;基于全景视觉系统的结构特征,在分析单视点成像机理的基础上,构建了成像系统满足单视点约束方程;进一步分析了全景视觉系统满足单视点的约束条件,从而探讨了全景视觉系统设计和全景图像分析处理技术;针对海洋浮标基座受到海风、海流、海浪的作用会出现不规则抖动、摇摆、升沉等不稳定现象,深入探讨了全景视觉系统的电子稳像技术,消除视频画面的晃动,为后续目标识别及跟踪、指定区域精确观察及监视等任务提供优质图像。

3.1　基于单视点约束的全景视觉成像原理

在此讨论的全景视觉技术是基于反射原理的,尽管全景视觉系统的折反射成像原理使全景图像发生非线性失真,但单视点全景视觉系统的设计保证了从各个方向的入射光线交于一点,从而保持成像点和空间通过视点某一特定方向的光线是一一对应的关系,因此可以方便地建立系统的成像模型,进而将一幅全景图像还原成普通的透视图像。

3.1.1　全景视觉单视点约束条件

如图3.1所示,假定全景视觉系统中采用的相机为理想透视相机,即成像模型可等效成小孔成像,那么全景视觉成像法则是,入射光线先通过反射镜的反射,再经过小孔,最终在成像平面上形成像点。如果称相机的小孔为有效小孔(effective pinhole),那么全景视觉单视点约束的要求就是所有通过相机有效小孔的光线(若未经反射镜反射)必须汇交于一点,该点称为有效视点(effective viewpoint)。

不失一般性,假定系统的有效视点 v 位于笛卡儿坐标系原点,有效小孔为 p,假定 z 轴方向与 vp 重合,单位向量为 z[①]。反射镜绕 z 轴旋转对称,这样就可以在一个二维笛卡儿平面 (v, r, z) 中进行相关计算,其中 r 为垂直于 z 的单位向量,将二维镜面方程定义为

$$z(r) = z(x, y), r = \sqrt{x^2 + y^2}$$

假定观察点 v 到有效小孔 p 的距离为 c,则 $v = (0, 0), p = (0, c)$。

---

① 本书中量的符号在运算时,如无特殊说明,均表示大小关系,不指明方向。

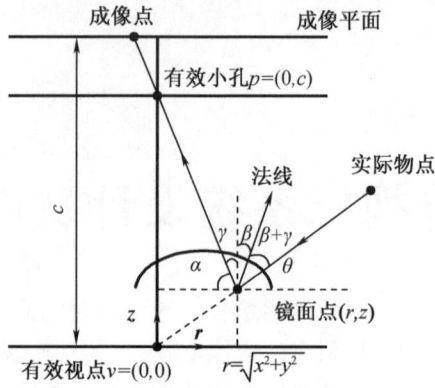

图 3.1 单视点约束方程的几何描述

假设入射光线与 r 轴的夹角为 θ,与镜面相交于点 (r,z),则

$$\tan \theta = \frac{z}{r} \tag{3-1}$$

根据单视点约束条件,其反射光线必然通过有效小孔 $p=(0,c)$,设反射光线与 r 轴的夹角为 α,则有

$$\tan \alpha = \frac{c-z}{r} \tag{3-2}$$

设入射光线与镜面交于点 (r,z) 处,法线与 z 轴的夹角为 β,则该处的导数为

$$\frac{dz}{dr} = \tan\left(\gamma + \beta + \theta + \frac{\pi}{2}\right) = \tan(-\beta) = -\tan\beta \tag{3-3}$$

式中,γ 为反射光线与 z 轴的夹角。又

$$\theta + \alpha + 2\beta + 2\gamma = \pi \tag{3-4}$$

$$\gamma = \frac{\pi}{2} - \alpha \tag{3-5}$$

消去 γ 有

$$2\beta = \alpha - \theta \tag{3-6}$$

根据公式 $\tan(A \pm B) = \frac{\tan A \pm \tan B}{1 \mp \tan A \tan B}$,有

$$\frac{2\tan\beta}{1 - \tan^2\beta} = \frac{\tan\alpha - \tan\theta}{1 + \tan\alpha\tan\theta} \tag{3-7}$$

由式(3-1)、式(3-2)、式(3-3)和式(3-7)可得出单视点成像约束方程为

$$\frac{-2\dfrac{dz}{dr}}{1 - \left(\dfrac{dz}{dr}\right)^2} = \frac{(c-2z)r}{r^2 + cz - z^2} \tag{3-8}$$

整理成二次一阶微分方程为

$$r(c-2z)\left(\frac{dz}{dr}\right)^2 - 2(r^2 + cz - z^2)\frac{dz}{dr} + r(2z-c) = 0 \tag{3-9}$$

求解二次方程得

$$\frac{dz}{dr} = \frac{(z^2 - r^2 - cz) \pm \sqrt{r^2c^2 + (z^2 + r^2 - cz)^2}}{r(2z-c)} \tag{3-10}$$

令 $y = z - \dfrac{c}{2}$ 和 $b = \dfrac{c}{2}$，代入式(3 – 10)可得

$$\frac{\mathrm{d}y}{\mathrm{d}r} = \frac{(y^2 - r^2 - b^2) \pm \sqrt{4r^2 b^2 + (y^2 + r^2 - b^2)^2}}{2ry} \qquad (3-11)$$

令 $2rx = y^2 + r^2 - b^2$，并对其两端求导可得

$$2y\frac{\mathrm{d}y}{\mathrm{d}r} = 2x + 2r\frac{\mathrm{d}x}{\mathrm{d}r} - 2r \qquad (3-12)$$

代入式(3 – 11)并整理得

$$\frac{1}{\sqrt{b^2 + x^2}}\frac{\mathrm{d}x}{\mathrm{d}r} = \pm\frac{1}{r} \qquad (3-13)$$

对式(3 – 13)两边求积分得

$$\ln\left(x + \sqrt{b^2 + x^2}\right) = \pm\ln r + C \qquad (3-14)$$

式中，C 为积分常量，令 $k = 2e^C > 0$，进一步化简得

$$x + \sqrt{b^2 + x^2} = \frac{k}{2}r^{\pm 1} \qquad (3-15)$$

再将 z、c 代入式(3 – 15)，并化简整理得到单视点全景成像系统的一般约束方程为

$$\left(z - \frac{c}{2}\right)^2 - r^2\left(\frac{k}{2} - 1\right) = \frac{c^2}{4}\left(\frac{k-2}{k}\right) \quad (k \geqslant 2) \qquad (3-16)$$

$$\left(z - \frac{c}{2}\right)^2 + r^2\left(1 + \frac{c^2}{2k}\right) = \left(\frac{c^2 + 2k}{4}\right) \quad (k > 0) \qquad (3-17)$$

3.1.2　单视点成像系统构成

从式(3 – 16)和式(3 – 17)可以看出反射镜面是二次曲线旋转曲面，常数 k 和 c 的取值不同，可以得到一些有代表性的镜面外形方程，如锥面、球面、椭球面、双曲面、抛物面几种。

1. 锥面反射镜

在式(3 – 16)中，设 $k \geqslant 2$ 且 $c = 0$，可得到反射镜的外形方程为

$$z = \sqrt{\frac{k-2}{2}r^2} \qquad (3-18)$$

但若 $c = 0$，即小孔成像点和观察点都位于圆锥反射镜的顶部，此时只能观察到紧贴着镜面的光线，显然这种锥面反射镜不适用于实际情况。

2. 球面反射镜

在式(3 – 17)中，设 $k > 0$ 且 $c = 0$，可得到反射镜的外形方程为

$$z^2 + r^2 = \frac{k}{2} \qquad (3-19)$$

可见，小孔成像点和观察点都位于球心位置，因此只能拍摄到自身的虚像。与锥面反射镜类似，这种反射镜也不能用于增强单视点成像系统的视场。

3. 椭球面反射镜

在式(3 – 17)中，设 $k > 0$ 且 $c > 0$，可得到反射镜的外形方程为

$$\frac{1}{a^2}\left(z - \frac{c}{2}\right)^2 + \frac{1}{b^2}r^2 = 1 \qquad (3-20)$$

式中

$$a = \sqrt{\frac{2k + c^2}{4}}, \quad b = \sqrt{\frac{k}{2}} \qquad (3-21)$$

这种椭球面反射镜可以实际用于增强视场,有效视点和有效小孔分别位于椭球的两个焦点处,但这种视场增强的方式利用的是内反射原理,垂直方向视场范围有限,仅为 $-90° \sim 0°$。

4. 双曲面反射镜

在式(3-16)中,设 $k > 2$ 且 $c > 0$,可得到反射镜的外形方程为

$$\frac{1}{a^2}\left(z - \frac{c}{2}\right)^2 - \frac{1}{b^2}r^2 = 1 \qquad (3-22)$$

式中

$$a = \frac{c}{2}\sqrt{\frac{k-2}{k}}, \quad b = \frac{c}{2}\sqrt{\frac{2}{k}} \qquad (3-23)$$

双曲面反射镜与普通透视透镜组合,在全景成像系统中是一种非常实用的视场增强手段,有效视点和有效小孔分别位于双曲面的两个焦点处,通过 k 值的变化可以得到不同曲率的双曲线和不同的视场角,一般小曲率反射镜的垂直方向视角范围为 $-90° \sim 10°$,而大曲率反射镜的垂直方向视角范围可达 $-90° \sim 45°$,远比椭球面反射镜的视角要大。

5. 抛物面反射镜

在式(3-17)中,设 $k \to \infty$,$c \to \infty$ 且 $\frac{c}{k} = h$,可得到反射镜的外形方程为

$$z = \frac{h^2 - r^2}{2h} \qquad (3-24)$$

当 k 和 c 取无穷大时,构成了一种极限的正射投影方式,但是正射投影一般不能直接用于成像,需要选用远心透镜。有效视点和有效小孔的相对位置没有严格的要求,一般小曲率反射镜的垂直方向视角范围为 $-90° \sim 10°$,而大曲率反射镜的垂直方向视角范围可达 $-90° \sim 45°$。

此外,可以根据单视点成像约束方程设计出其他类型的非规则自由曲面反射镜,这种反射镜的缺点是不便于打磨和加工。基于上述分析,由双曲面反射镜配合透视透镜及由抛物面和远心透镜构成的全景视觉系统是两种可行的办法,然而相比于远心透镜,透视透镜的技术更加成熟,应用更加普遍,可选择的类型更加灵活多样,而且远心透镜体积较为庞大,不利于实现系统小型化和便携性。因此,这里主要研究双曲面全景视觉系统的设计与软硬件的开发,本书也是围绕这种类型的系统展开研究的。

3.2　全景视觉图像的还原方法及改进算法

全景视觉系统由于采用折反射方式实现空间场景的成像,获得的图像具有明显的畸变性,且不能符合人眼的观察习惯,因此需要将全景图像进行还原展开解算,以生成能够满足人眼观察和目标识别所需的视觉图像信息。满足单视点约束的全景视觉系统,只要成像系统的几何参数已知,就可以将原图像进行柱面还原和透视还原。针对所研究的双曲面全景

视觉系统,首先介绍全景图像还原解算的原理,并探讨全景视觉还原解算的改进方法。

3.2.1　全景视觉逆投影原理

由于整个全景系统旋转对称,仅取入射光线和中心轴所在的平面进行分析,在该平面上建立以双曲面反射镜的焦点 F' 为原点的平面直角坐标系 $RF'z$,如图 3.2 所示。假定反射镜的面形公式为

$$\frac{(z+c)^2}{a^2} - \frac{r^2}{b^2} = 1 \qquad (3-25)$$

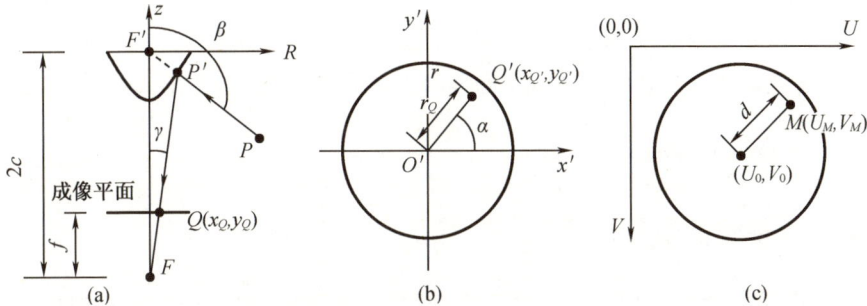

图 3.2　全景视觉成像原理

经过极坐标变换,$r = \rho\cos\theta, z = \rho\sin\theta$,则面形公式可以改写为

$$\rho = \frac{c\sin\theta - a}{\sin^2\theta - \dfrac{a^2\cos^2\theta}{b^2}} \qquad (3-26)$$

式中,a 和 b 分别为反射镜的长轴和短轴。

假设空间一发光点 P,坐标为 (x_P, y_P, z_P),入射光线为 PP',定义 PP' 与 x 轴正方向的夹角为俯仰角 β,PP' 在 $RF'z$ 平面内的投影与 x 轴的夹角方位角为 α,与双曲面的交点为 P' 点,相机的投影中心 F 的坐标为 $(0, -2c)$,设反射光线 $P'Q$ 与 z 轴负方向的夹角为 γ,则

$$\tan\gamma = \frac{-b^2\sin\beta(c\cos\beta + a)}{3cb^2\cos^2\beta - 2ca^2\sin^2\beta + ab^2\cos^2\beta} \qquad (3-27)$$

式中

$$\beta = a\tan\left[\frac{z_P}{\sqrt{(x_P^2 + y_P^2)}}\right], \quad \alpha = a\tan\left(\frac{y_P}{x_P}\right) \qquad (3-28)$$

设 $x'O'y'$ 为像平面坐标系,O' 为 z 轴与像平面的交点,且 R 轴平行于 x' 轴。P 点在像平面上的像点为 Q',相机焦距为 f,则 Q' 到 O' 的距离 r_Q 为

$$r_Q = f\tan\gamma \qquad (3-29)$$

反射光线 $P'Q$ 与 PP' 的方位角均为 α,设 Q 的坐标为 (x'_Q, y'_Q),这样就得到了从任意空间一点 $P(x_P, y_P, z_P)$ 到成像平面 $Q(x_Q, y_Q)$ 的映射关系为

$$\begin{cases} x_Q = f\tan\gamma\cos\alpha \\ y_Q = f\tan\gamma\sin\alpha \end{cases} \qquad (3-30)$$

　　进一步假定在图像坐标系中，(U,V) 表示图像中的任意像素点，(U_0,V_0) 为主点坐标，P 点在图像中对应的像点为 $M(U_M,V_M)$，像平面坐标与图像坐标的比例为 $s(\mathrm{px/mm})$，代入式 $(3-30)$ 得到

$$\begin{cases} U_M = U_0 + \eta\tan\,\gamma\cos\,\alpha \\ V_M = V_0 - \eta\tan\,\gamma\sin\,\alpha \\ d = \sqrt{U_M^2 + V_M^2} \end{cases} \qquad (3-31)$$

式中，$\eta = sf$。到此，根据式 $(3-28)$ 和式 $(3-31)$，就可以由空间任意一点 $P(x_P,y_P,z_P)$ 解出图像中对应像点的坐标 (U_M,V_M)，反之得到的解不是唯一的，只能确定入射光线 PP' 的方向，即俯仰角 β 和方位角 α，发光点 P 的深度无法从一幅图像中获得。比例系数 η 最简单的计算方法是，在全景图像中测量外边缘（即反射镜上边缘的像）的直径 D_1（像素），测量实际反射镜上端面的直径 D_m，则 $\eta = \dfrac{D_1}{D_\mathrm{m}}$。

3.2.2　全景图像解算原理

　　全景视觉满足单视点约束最突出的优点是，全景图像中的任意像素与空间中的某一来自特定方位射向反射镜焦点的入射光线是一一对应的。也就是说，全景视觉实际上可以等效为一个视点固定、视角可变的透视相机，但无须拼接就能得到全景图像。因此，可以依实际需要假定一个虚拟的成像面 S（平面、柱面或球面），根据上一节的逆投影原理，将全景图像中的像点 M 逐一逆投影到面 S 上（由全景图像中的像点的坐标逆推出入射光线的矢量 $\boldsymbol{v}$，得到 $\boldsymbol{v}$ 与 S 的交点），就得到了还原图像。

　　1. 局部透视解算

　　局部透视解算的原理是，以 F' 视点打开一个视窗 $(\alpha,\beta,\varphi_\mathrm{H},\varphi_\mathrm{V})$，将该视窗内可以观察到的景物由全景图像中的像点逆投影到一个距观察点为 d 的虚拟成像平面上，β 为垂直方向俯仰角，α 为水平方向方位角，φ_H、φ_V 为水平和垂直方向的视场角。以视点 F' 为原点 O 建立相机坐标系 $Oxyz$，如图 3.3 所示。设 O 点出发的一观察矢量为 $\boldsymbol{v}$。建立虚拟像平面坐标系 $O'x'y'z'$，$O'x'y'$ 平面与 $\boldsymbol{v}$ 垂直，且 z' 轴与 $\boldsymbol{v}$ 重合，y' 轴平行于 Oxy 平面。在 $O'x'y'$ 上建立虚拟成像平面，设 $O'x'y'$ 平面上有一点 P，向量 $\boldsymbol{O'P}$ 定义为 $\boldsymbol{v}_1$，在相机坐标系 $Oxyz$ 中向量 $\boldsymbol{O'P}$ 定义为 $\boldsymbol{v}_s$，设 P 在坐标系 $O'x'y'z'$ 的坐标为 $(p_{x'},p_{y'},0,1)$，在坐标系 $Oxyz$ 下的坐标为 $(p_x,p_y,p_z,1)$，则两者有如下坐标变换关系：

$$(p_x,p_y,p_z,1)^\mathrm{T} = \boldsymbol{M}_1\boldsymbol{M}_2\boldsymbol{M}_3(p_{x'},p_{y'},0,1)^\mathrm{T} \qquad (3-32)$$

式中

$$\boldsymbol{M}_1 = \begin{bmatrix} \cos\,\alpha & -\sin\,\alpha & 0 & 0 \\ \sin\,\alpha & \cos\,\alpha & 0 & 0 \\ 0 & 0 & 1 & 0 \\ 0 & 0 & 0 & 1 \end{bmatrix}$$

$$M_2 = \begin{bmatrix} \cos\beta & 0 & \sin\beta & 0 \\ 0 & 1 & 0 & 0 \\ -\sin\beta & 0 & \cos\beta & 0 \\ 0 & 0 & 0 & 1 \end{bmatrix}$$

$$M_3 = \begin{bmatrix} 1 & 0 & 0 & 0 \\ 0 & 1 & 0 & 0 \\ 0 & 0 & 1 & d \\ 0 & 0 & 0 & 1 \end{bmatrix}$$

若将全景图像解算看作一种图像校正,将式(3-32)代入式(3-28)和式(3-31),得到基于逆向映射的空间变换:

$$\begin{cases} U_M = f_u(p_{x'}, p_{y'}) \\ V_M = f_v(p_{x'}, p_{y'}) \end{cases} \tag{3-33}$$

从式(3-33)中求解 $p_{x'}$、$p_{y'}$,得到基于前向映射的空间变换:

$$\begin{cases} p_{x'} = g_x(U_M, V_M) \\ p_{y'} = g_y(U_M, V_M) \end{cases} \tag{3-34}$$

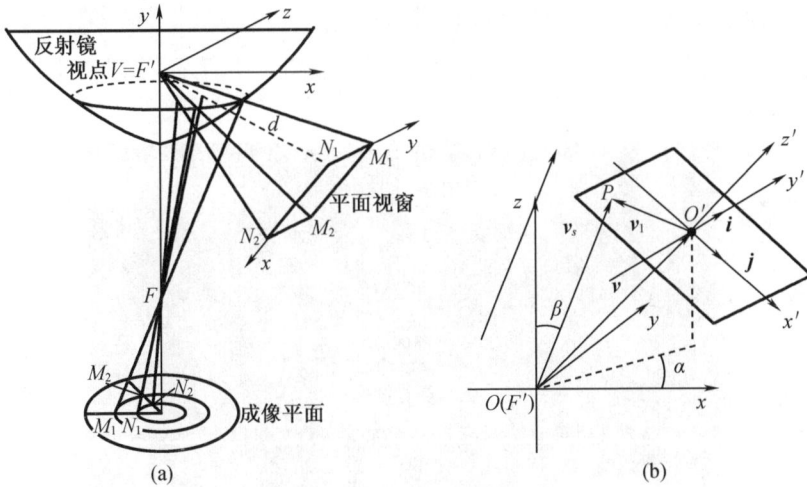

图 3.3　局部透视解算原理

2. 柱面解算

如图 3.4 所示,仍然取等效视点为全景相机坐标系 $Oxyz$ 的原点,虚拟成像面为一个与全景系统共轴的圆柱面,直径为 D,柱面上下边缘的俯仰角分别为 β_1、β_2,柱面高为

$$H = \frac{D}{2(\tan\beta_1 - \tan\beta_2)}$$

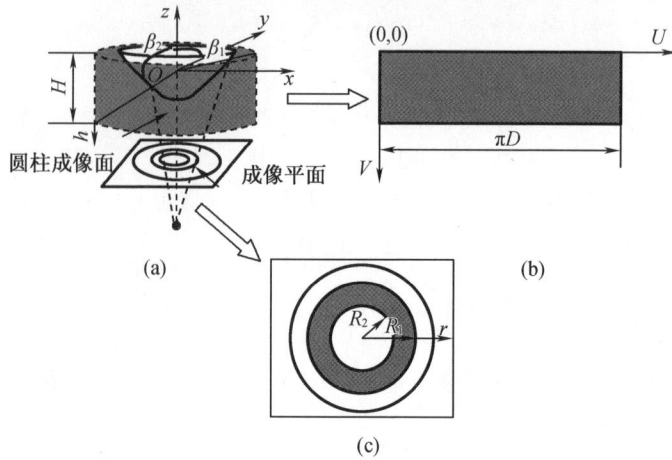

图 3.4 柱面解算原理

圆柱的上下边缘对应全景图像中的两个同心圆,半径分别为 R_1 和 R_2,因此柱面还原可以看作将全景图像的一个环形区域投影到一个柱面上,全景图像中半径为 r 上的像素映射到柱面展开图像中的第 h 行。由于 r 到 h 是一非线性映射,映射关系可以由式(3 - 27)至式(3 - 29)得出,这里不做推导。

全景视觉图像的局部透视解算和柱面解算示例如图 3.4 所示,全景视觉图像解算示例如图 3.5 所示。

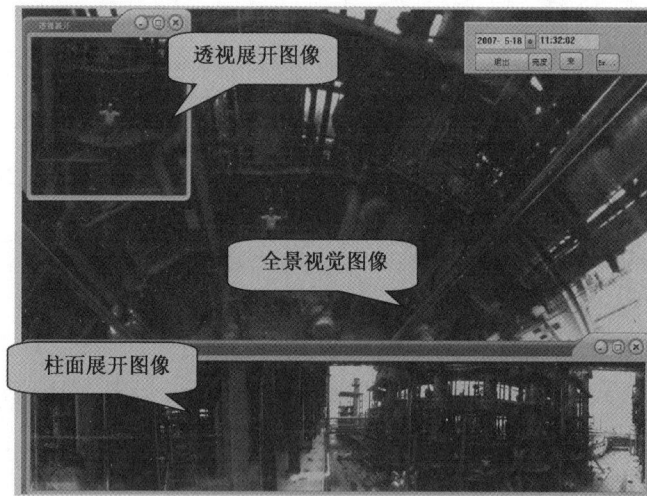

图 3.5 全景视觉图像解算示例

3.2.3 全景图像还原方法改进算法

上述采用的算法基于后向映射的方式,在全景图像中利用线性插值的方法计算输出的灰度值。实际上对于存在较严重非线性畸变的全景图像采用上述校正方法会存在一些问题。以双线性插值为例,其前提是假设图像的灰度在正方形领域是线性变化的(图 3.6),这种假设对于无畸变图像插值是成立的,但是全景图像已经使待插值点和邻域像点间的距离发生非线性变化,采用线性插值将会把这种非线性变化作为加权项带入插值算法中,使校正图像存在残留失真。前向映射的空间变换方式是在还原图像中插值,可以减少残留失真。为此,在进行全景视觉图像还原时,尤其是采用透视解算时,先将全景图像中的像素点正向映射到还原图像中,然后利用自适应 Shepard 散乱数据插值的算法计算待插值点的灰度值。

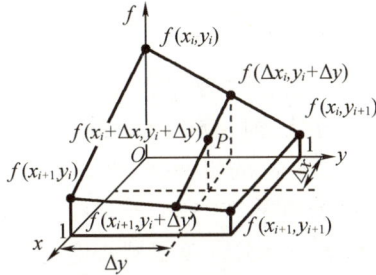

图 3.6　双线性插值示意图

1. Shepard 散乱数据插值算法

若采用前向映射方式,映射到虚拟观察平面上的像点散乱不均匀分布,而最终要得到的数字图像是呈阵列分布的,这就需要一种能够从大量非采样点处的散乱数据中重建整数采样点处近似值的插值算法,这里采用自适应 Shepard 散乱数据插值算法重建完整的图像。

设给定的 N 个散乱数据点为 $\{x_i, y_i, f_i\}$, $i = 1, 2, \cdots, N$,插值算法原理是,为每一个数据点建立一个节点方程 $Q_k(x, y)$,再根据插值方程计算插值曲面上栅格点处的值。Shepard 散乱数据插值算法的步骤如下:

(1)设 R_q 为用于节点方程的数据点影响半径,R_w 为用于插值的节点方程影响半径,确定 R_q 和 R_w, $R_q = \dfrac{D}{2}\sqrt{\dfrac{N_q}{N}}$, $R_w = \dfrac{D}{2}\sqrt{\dfrac{N_w}{N}}$,其中 N_q 和 N_w 为给定的用于构造节点方程和插值方程的数据点个数,$D = \max\{d_{ij}\}$。

(2)用最小二乘法确定系数 a_{k2}、a_{k3}、a_{k4}、a_{k5}、a_{k6}。

$$a_{kj} = \operatorname*{argmin}_{a_{kj}, j=2,3,\cdots,6} \sum_{\substack{i=1 \\ i \neq k}}^{N} \frac{1}{\rho_i^2(x_k, y_k)}[f_k + a_{k2}(x_i - x_k) + a_{k3}(y_i - y_k) + a_{k4}(x_i - x_k)^2 +$$

$$a_{k5}(x_i - x_k)(y_i - y_k) + a_{k6}(y_i - y_k)^2 - f_i]$$

式中

$$\frac{1}{\rho_{i(x,y)}} = \frac{[R_q - d_{i(x,y)}]_+}{R_q d_{i(x,y)}}, d_{i(x,y)} = \sqrt{(x - x_i)^2 + (y - y_i)^2}$$

(3)建立节点方程。

$$Q_k(x, y) = f_k + a_{k2}(x_i - x_k) + a_{k3}(y_i - y_k) + a_{k4}(x_i - x_k)^2 + a_{k5}(x_i - x_k)(y_i - y_k) +$$

$$a_{k6}(y_i - y_k)^2 \tag{3-35}$$

(4)利用 Shepard 插值方程计算网格点处的值。

$$D_f(x,y) = \frac{\sum\limits_{k=1}^{N} \dfrac{Q_k(x,y)}{g_k^2(x,y)}}{\sum\limits_{k=1}^{N} \dfrac{1}{g_k^2(x,y)}} \qquad (3-36)$$

式中

$$\frac{1}{g_k(x,y)} = \frac{\left[R_w - d_{k(x,y)} \right]_+}{R_w d_{k(x,y)}}, d_{k(x,y)} = \sqrt{(x-x_k)^2 + (y-y_k)^2}$$

Shepard 散乱数据插值算法建立在一个平滑的双变量插值曲面上,示意图如图 3.7 所示。其优点是能够提高插值的平滑性,但不利于保持图像的细节,因此为了提高算法的自适应,这里对 Shepard 散乱数据插值算法的步骤(4)做如下改进:对于满足 $\{(x_i,y_i,f_i), i=1, 2,\cdots, w\}$ 的 w 个插值节点,统计其灰度的方差 σ,若 $\sigma < \delta$,则该邻域灰度变化平缓,可以根据式(3-35)计算插值点的灰度;若 $\sigma \geq \delta$,则该邻域灰度变化剧烈,这时取最近邻的插值节点的灰度,即

$$D_f(x,y) = f_j, j = \arg \min_j \{d_{i(x,y)}\}, i = 1,2,\cdots, w \qquad (3-37)$$

这样得到的 $D_f(x,y)$ 即为待插值像素的灰度值。

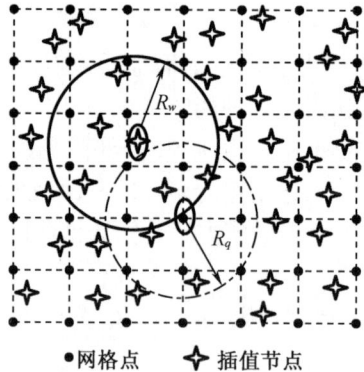

●网格点　　✦插值节点

图 3.7　Shepard 散乱数据插值示意图

2. 基于前向映射的全景图像还原算法

下面以局部透视还原为例,给出算法的步骤。先选定一个虚拟成像平面 S,在 S 上建立图像栅格,栅格中心即为还原图像的像点位置。(x,y) 为 S 平面上的浮点坐标,(X,Y) 为像素坐标,$d(x,y)$ 为 (x,y) 处的灰度值;(u,v) 为全景图像平面上的浮点坐标;(U,V) 为全景图像的像素坐标,$f(u,v)$ 为 (u,v) 处的灰度值。算法中 $N_q=5, N_w=4, \delta=0.3$(图像的灰度量化到 $0 \sim 1$)。

(1)根据逆投影公式(3-27)至公式(3-30),计算观察角 $(\alpha,\beta,\varphi_u,\varphi_v)$,确定对应全景图像中的区域像素点 $\{(U_i,V_i), i=1,2,\cdots, N\}$ 及灰度值 $\{f(U_i,V_i), i=1,2,\cdots, N\}$。

(2)根据前向映射公式(3-33)计算插值节点在 S 平面上的坐标 $\{(x_i,y_i), i=1,2,\cdots, N\}$,并进行灰度赋值 $d(x_i,y_i) = f(U_i,V_i), i=1,2,\cdots, N$,同时建立映射表。

(3)根据式(3-35)为每一个插值节点 (x_i,y_i) 建立节点方程 $Q_i(x_i,y_i)$。

(4)取像素点 $(X_i,Y_j), i=0,1,2,\cdots, W-1, j=0,1,2,\cdots, H-1$,代入前向映射公式(3-33)得 (u_i,v_j),根据映射表找到 (u_i,v_j) 邻域的四个像素 $\{(U_k,V_k), k=1,2,\cdots,4\}$ 所对应的插值节点 $\{(x_k,y_k), d(x_k,y_k), k=1,2,\cdots,4\}$,并进行灰度赋值 $d(x_k,y_k) = f(U_k,V_k), k=1,2,\cdots,$

4。其中,W 和 H 为解算图像的尺寸;$\{(x_k,y_k),k=1,2,\cdots,4\}=\{([u],[v]),([u+1],[v]),([u],[v+1]),([u+1],[v+1])\}$,$[\cdot]$ 表示取整。

(5)统计 $\{d(x_k,y_k),k=1,2,\cdots,4\}$ 灰度值的方差 σ,若 $\sigma<0.3$,采用式(3-36)来计算像素 (X_i,Y_j) 灰度值,否则采用式(3-37)来计算。

(6)判断:如果已遍历所有解算图像的像素,则算法结束,否则转到步骤(4)。

3.2.4 仿真与试验分析

本节分别采用人工生成的全景图像、改进的局部透视及柱面还原方法进行仿真试验,并与改进前的方法进行了对比。图 3.8 为两幅人工生成的全景图像,模拟全景视觉成像。图 3.8(a)中,假定全景视觉系统位于圆筒中心,圆筒的内壁附有黑白相间的均匀棋盘格;图 3.8(b)中,假定内壁附有竖直方向灰度一致、水平方向灰度按正弦规律分布的渐变纹理。

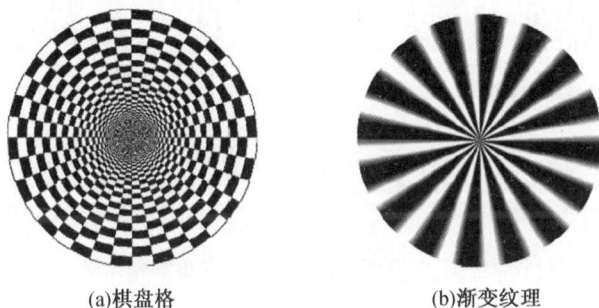

(a)棋盘格　　　　　　(b)渐变纹理

图 3.8　人工生成的全景图像

分别采用改进前后的透视还原算法对图像 3.8(a)进行了透视还原。相应地,得到的局部透视还原图像如图 3.9 所示。图 3.9(a)中的黑白边缘处有严重的锯齿现象,这显然是由直接在畸变的图像中插值造成的,而利用改进算法则避免了锯齿边界现象,如图 3.9(b)所示。

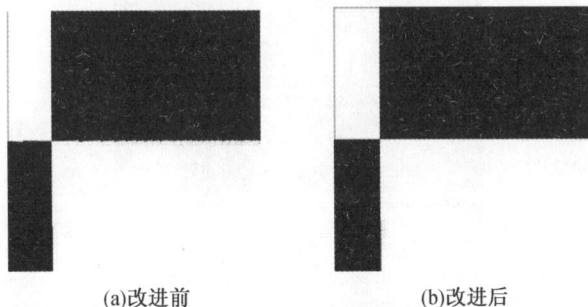

(a)改进前　　　　　　(b)改进后

图 3.9　图 3.8(a)的局部透视还原图像

分别用改进前后算法对图 3.8(b)进行柱面解算,得到的图像如图 3.10 所示。对比改进前后还原结果的正确性,将柱面还原图像中像素的灰度值与实际渐变纹理的灰度值进行比较。分别在两幅柱面图像中一个灰度变化周期内均匀选取 320 个采样列,统计每一列像素的灰度值均值,绘出横向灰度误差曲线 $e(x)$。图 3.11 所示灰度误差曲线直观地反映了改进算法对插值精度的提高:改进前的灰度误差为 $-2\sim1$,改进后的灰度误差为 $-1.4\sim0.4$。

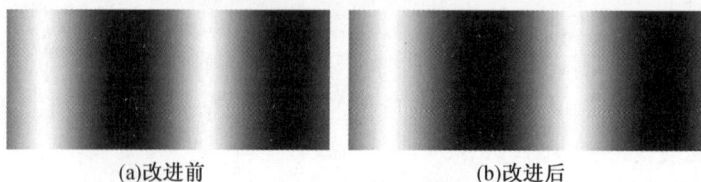

(a)改进前　　　　　　　　　(b)改进后

图 3.10　图 3.8(b) 的柱面解算图像

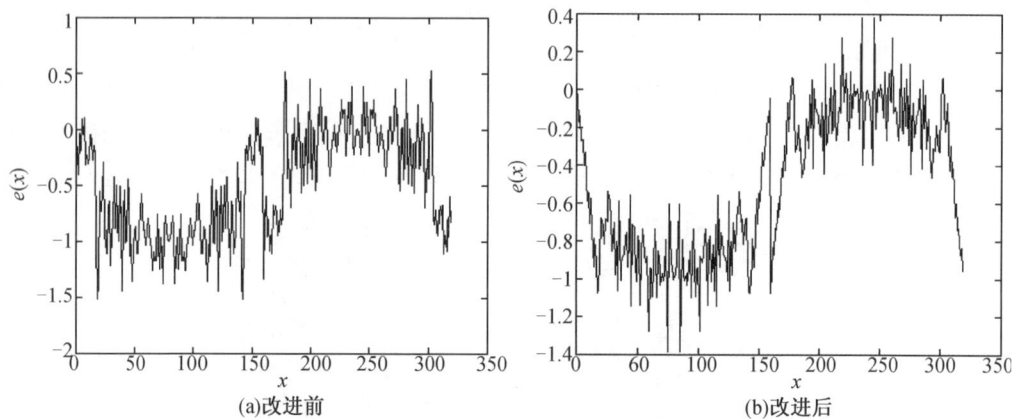

(a)改进前　　　　　　　　　(b)改进后

图 3.11　改进前后还原图像的灰度误差曲线

最后,采用真实的全景图像,分别对改进前后的透视还原算法进行对比,原始全景图像如图 3.12 所示,改进前后局部透视还原图像如图 3.13 所示。

图 3.12　原始全景图像

(a)改进前　　　　　　　　　(b)改进后

图 3.13　改进前后局部透视还原图像

在图 3.13(a)中,房檐锯齿现象严重,路灯的支杆发生明显的断裂现象,天空中存在云朵斑块。上述现象在改进后的实验结果中得到了明显的改善,如图 3.13(b)所示。在前向映射中,较多寻址带来计算上的浪费问题,解决方法是在程序初始化时一次性建立前向映射表,这样所有全景图像中兴趣区域的像素只需计算一次,避免了重复寻址,提高了全景图像解算的实时性。

3.3　全景视觉电子稳像技术

在海洋环境下,布置在海洋浮标顶部的全景视觉系统由于受到海风、海流、海浪的影响,会出现不规则抖动、摇摆、升沉等不稳定现象。这使全景视觉系统获取的数字影像不可避免地出现各种画面高频抖动和低频视域偏移,将严重影响视频图像清晰度,导致画面模糊,不便于人员观察,同时也会影响后续的视频图像处理,如目标识别及跟踪、指定区域精确观察及监视的效果。因为全景视觉成像机理和常规视觉系统不同,所以针对常规视觉的电子稳像算法不能直接应用于全景视觉成像系统中。本节主要论述通过最优边缘估计算法计算海天线成像椭圆方程,以此建立基于海天线的全景图像稳像模型,并利用关键帧对稳像无效区域进行重建。

电子稳像(electronic image stabilization,EIS)是指使用图像处理技术从视频图像序列中去除因相机随机运动而引入的图像抖动,使图像序列平滑、稳定的一种技术。电子稳像技术具有成本低、体积小、功耗低、安装方便等优点,已经逐渐取代机械式稳像和光学稳像,在机载、车载、舰载电视摄像等系统中得到了广泛应用。比较成熟的电子稳像算法有块匹配算法、相位匹配算法、特征点匹配算法、位平面匹配算法、投影算法,以及专门针对船舶载体摄像系统的水天线稳像算法等。文献[4]提出的稳像算法采用宏块预判算法和改进的SSDA 宏块匹配算法快速计算运动矢量,结合最小二乘法与 LMedS 算法求解最优的稳像模型参数,具有亚像素级的稳像精度。文献[7]基于自适应滤波和特征点集运动矢量提取技术,提出了带特征匹配验证的电子稳像算法。这两种算法均可以有效处理相机的平移和旋转抖动,实现实时稳定图像序列。文献[12]提出了一种稳像图像修补技术,判断相邻图像帧的光流变化,并利用光流法填补当前稳像图像的丢失像素,有效实现了稳像无效区域的修补。然而,以上文献研究对象多是普通相机拍摄的视频,针对折反射全景视觉系统进行电子稳像的研究较少。这些文献虽然对于全景视频稳像有一定的参考作用,但折反射全景相机与普通相机的成像原理存在很大差别,所以对于后者来说,仍需要深入研究适应其特点的电子稳像方法。

3.3.1　全景视觉成像系统特点

折反射全景相机由反射镜和普通相机组成,空间中的光线经过反射镜反射后进入相机成像,生成环形的全景图像。如图 3.14 所示,O 为反射镜坐标系的原点,两白色环形区域是全景视觉系统的有效成像区域。当系统安装满足单视点要求时,可方便地建立系统的成像模型,计算所有空间成像点对应的入射光线向量。

图 3.14(b)为理想情况下拍摄的全景海洋图片,不考虑相机镜头畸变时可将海天线近似为圆形。当载体晃动时,空间景物成像将发生形变,海天线成像为一椭圆,如图 3.14(c)

所示。与普通稳像图像不同,在全景图像中除载体外,背景区域由海面和天空组成。海面会不断发生变化,而天空则比较平滑,具有极少的特征点。因此,传统的稳像算法(如基于块匹配和特征点匹配的稳像算法)在这种海面不断变化的背景模式下,会造成严重的误匹配,无法实现全局运动矢量的准确估计。同时现有的稳像算法均无法解决全景图像稳像过程中初始参考帧的选取。

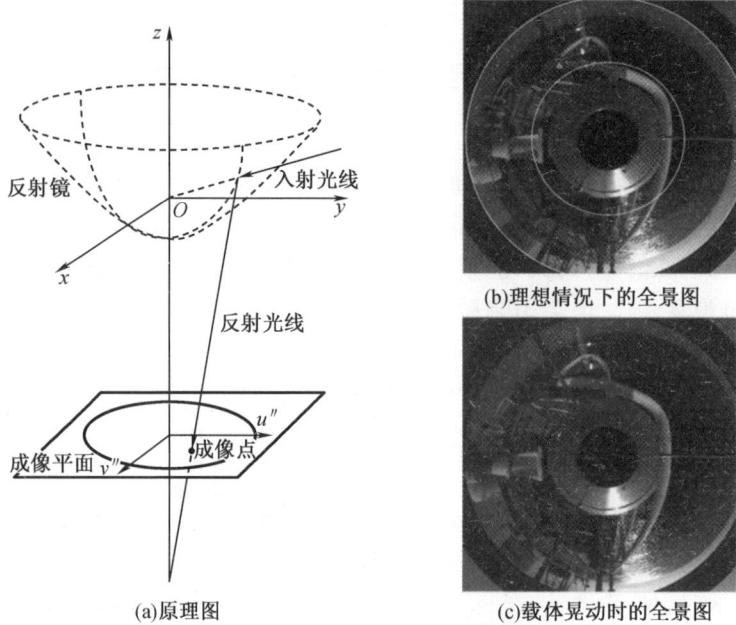

(a)原理图　　　　(b)理想情况下的全景图　　　(c)载体晃动时的全景图

图3.14　双曲面折反射成像原理图与环形全景图

与普通图像不同,全景图像发生形变时各像素点的移动量均不一样,因此现有电子稳像算法中全局运动矢量补偿方法无法矫正全景图像中的景物形变。若建立精确的矫正模型,则必然要计算每个图像点的移动量,算法复杂,不具有实用性。因此现有的全景图像电子稳像算法均针对展开图像,使用传统稳像算法进行电子稳像,以降低算法难度。

本书根据海天线成像特点,使用海天线成像方程进行全景图像形变矫正,提出了简化的稳像模型。该模型虽然不能完全矫正图像形变,但计算速度快,矫正效果好,可极大地改善视觉效果,并且不需要参考图像,实用性较强。其具体步骤如下:

(1)采用基于分区的自适应Canny边缘检测算法进行边缘检测,得到全景边缘图像;

(2)对边缘图像进行双阈值梯度方向过滤,并使用最优边缘估计算法提取海天线边缘;

(3)对提取的海天线边缘进行椭圆拟合,得到海天线成像方程,判断图像晃动程度,设置晃动小于阈值的图像为关键帧;

(4)建立基于海天线的稳像模型,对图像序列进行形变矫正,实现图像稳像;

(5)使用关键帧相应区域对图像校正中的无效区域进行重建,保证输出图像的视觉效果。

3.3.2　海天线提取

1. 分区自适应阈值Canny边缘检测

全景图像容易受光照影响造成整幅图像对比度不均匀,传统Canny算子在进行边缘检测时使用同一对高低阈值会导致边缘信息丢失或出现伪边缘。本书将图像分为大小相同的图像块,对每个图像块使用文献[16]提出的最大类间方差法(Otsu 算法)确定 Canny 算子的高低阈值。每个子图像阈值更能反映其所在子区域的边缘特性,检测结果既保留了局部的细节边缘,又不会产生虚假边缘。修改后 Canny 边缘检测算法具体流程如下:

(1)利用二维高斯函数对图像进行低通平滑滤波,去除图像中的噪声;

(2)使用 2×2 邻域一阶偏导的有限差分计算梯度幅值和梯度方向,记每个像素点的梯度幅值和梯度方向分别为 $M[i,j]$ 和 $\theta[i,j]$;

(3)对梯度幅值进行非极大值抑制,在梯度的方向上互相比较邻接像素的梯度幅值,保留幅值局部变化最大的点;

(4)将图像分为大小相同的图像块($64(\mathrm{H}) \times 64(\mathrm{V})$ px,也可根据图像尺寸设定),每个方块使用 Otsu 算法确定 Canny 算子的高低阈值,并进行双阈值化检测和边缘连接;

(5)经过非极大值抑制获取的边缘图像还达不到单像素级边缘,为方便进行边缘长度统计,使用文献[17]提出的形态学算子对边缘检测后的图像进行边缘细化。

2. 双阈值梯度方向过滤

与普通图像不同,全景图像中海天线边缘上像素点梯度方向指向图像中心,因此可通过判断梯度方向去除载体天线和全景装置支撑杆等造成的径向边缘并保留海天线边缘。但由于噪声、图像采样量化和载体剧烈晃动等原因,部分海天线边缘点梯度方向偏离圆心,采用单一阈值会造成海天线边缘的断裂,因此本书借鉴 Canny 边缘检测算法中双阈值化检测的思想,提出了双阈值梯度方向过滤的方法,即设置高低阈值分别为 θ_{th1}、θ_{th2},其中 $\theta_{\mathrm{th1}} > \theta_{\mathrm{th2}}$。对所有边缘点计算其与圆心的夹角:

$$\theta'[i,j] = \arctan\left(\frac{j-v_0}{i-u_0}\right) \times \frac{180°}{\pi} \qquad (3-38)$$

式中,$[u_0,v_0]$ 为全景图像中心。如果 $\theta'[i,j]<0$,则 $\theta'[i,j] = \theta'[i,j]+360°$,将角度转到 $0\sim360°$。若 $|\theta[i,j]-\theta'[i,j]| \leq \theta_{\mathrm{th2}}$,则保留此边缘点。这样得到的海天线边缘会因为间断而变得不连续,为最大限度地保留海天线边缘点,采用递归边界跟踪方法,将邻域内 $|\theta[i,j]-\theta'[i,j]| \leq \theta_{\mathrm{th1}}$ 的点判定为边缘点并保留。

图 3.15(a)为边缘检测结果,海天线边缘全部被检测出来。图 3.15(b)为有效区域内边缘双阈值过滤结果,取 $\theta_{\mathrm{th1}}=5$,$\theta_{\mathrm{th2}}=15$。从图 3.15 中可以看出,径向边缘被全部消除,而海天线边缘被完整地保留下来。

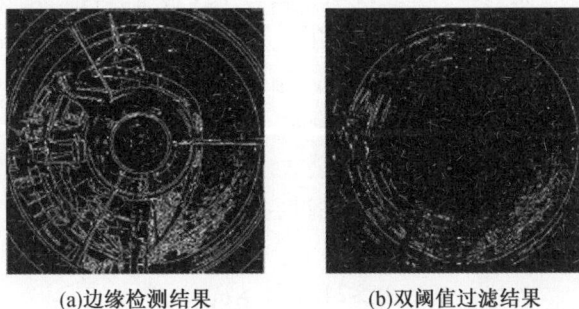

(a)边缘检测结果　　　　　(b)双阈值过滤结果

图 3.15　边缘检测与过滤

3. 最优边缘估计算法

从图3.15(b)中可以发现边缘图像具有如下特点：

(1)环形海天线被分割为断续的曲线段；

(2)图像中最长的曲线段为海天线边缘；

(3)相邻的海天线曲线段首尾端点在切向方向上距离最近，即到图像中心点的距离相近的同时，保证端点距离最近。

根据以上特点，本书提出了一种最优边缘估计算法来提取海天线边缘，通过建立最优边缘估计方程，并使用一种简单的方法来判断海天线提取是否成功。

首先统计所有边缘曲线的起始点、起始角、曲线长度等信息。假设有效区域内共有 m 条边缘，将所有边缘信息表示为

$$L_i = (R_{Ai}, R_{Bi}, \theta_{Ai}, \theta_{Bi}, n_i), i = 1, 2, \cdots, m \qquad (3-39)$$

式中，R_{Ai}、R_{Bi} 分别为第 i 条边缘起始点和终止点到图像中心点的距离；θ_{Ai}、θ_{Bi} 分别为边缘起始点和终止点的方向角；n_i 为边缘长度。所有边缘信息按逆时针方向统计排列，即边缘终止点在起始点的逆时针方向。

然后使用最优边缘估计算法提取海天线边缘。根据边缘图像特点(2)，将最长的边缘设为第一条海天线边缘并记为 L_j，将已经搜索到的海天线边缘起始角、终止角、起始半径、终止半径分别记为

$$\theta_1 = \theta_{Aj}, \theta_2 = \theta_{Bj}, R_1 = R_{Aj}, R_2 = R_{Bj} \qquad (3-40)$$

最优边缘估计算法搜索海天线边缘具体步骤如下：

(1)逆时针搜索。根据边缘图像特点(3)，假设最优边缘估计方程为

$$\begin{cases} \min\limits_{i=1,2,\cdots,m, i \neq j} \left[\alpha(\theta_{Ai} - \theta_2) + \beta |R_{Ai} - R_2| \right] \\ \theta_{Ai} - \theta_2 < \theta_{th}, \theta_{Ai} > \theta_2 \\ |R_{Aj} - R_2| < R_{th}, R_{th} = \min\{1.5\theta_{th}, 0.1R\} \end{cases} \qquad (3-41)$$

式中，α 和 β 为比例系数；θ_{th} 为角度偏差阈值；R_{th} 为半径偏差阈值；$i = 1, 2, \cdots, m$，$i \neq j$。端点相邻越远，半径偏差阈值越大，因此取 $R_{th} = 1.5\theta_{th}$，或根据图像分辨率设置为 $0.03R$，其中 R 为理想情况下的海天线成像圆半径。由于相邻端点距离非常近，即使海天线发生严重变形，半径变化差值也会非常小，因此选取 $\alpha = 0.3$，$\beta = 0.7$。

选取计算值最小，即与现有边缘曲线半径相似并且距离最近的边缘作为海天线，同时将 θ_2 和 R_2 替换为选取的海天线边缘的 θ_{Bi} 和 R_{Bi}，并删除起始角和终止角位于 $\theta_1 \sim \theta_2$ 的所有边缘曲线信息以提高下一次搜索效率。重复步骤(1)，直至没有边缘满足条件公式(3-41)。

(2)顺时针搜索。与逆时针搜索原理相同，条件公式及偏差计算公式替换为

$$\begin{cases} \theta_{Bi} - \theta_1 < \theta_{th}, \theta_{Bi} > \theta_1 \\ |R_{Bj} - R_1| < R_{th}, R_{th} = 1.5\theta_{th} \end{cases} \qquad (3-42)$$

重复步骤(2)，直至没有边缘满足条件公式(3-42)。

(3)终止条件判断。为提高椭圆拟合精度，搜索完成后海天线起始角与终止角需满足如下条件：

$$\begin{cases} \theta_2 - \theta_1 > 240°, \theta_2 > \theta_1 \\ 360° - \theta_1 + \theta_2 > 240°, \theta_2 < \theta_1 \end{cases} \qquad (3-43)$$

若已搜索到的边缘角度大于 $240°$，则转到步骤(4)；否则重新计算最长边缘，转到步骤(1)。

（4）椭圆拟合。根据搜索出的海天线边缘像素点位置直接使用椭圆拟合方法求解海天线椭圆成像方程，程序实现过程中直接使用 OPenCV 提供的椭圆拟合函数求解椭圆方程。

图 3.16 显示了海天线搜索结果及海天线椭圆方程拟合效果，其中图像分辨率为 1 024(H) × 1 024(V) px，角度偏差阈值 $\theta_{th} = 10°$，半径偏差阈值 $R_{th} = 15$。从图 3.16 中可以看出，白线代表的椭圆方程较好地拟合出了海天线的真实位置，具有较高的精度。

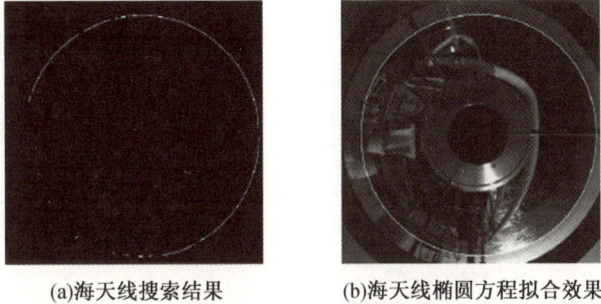

(a)海天线搜索结果　　　　　　(b)海天线椭圆方程拟合效果

图 3.16　海天线提取

大部分情况下，载体的晃动会使海天线成像为一椭圆。多次手动提取海天线试验结果表明，假设理想情况下海天线成像圆半径为 r_c，海天线变形时成像的椭圆长短轴分别为 a、b，它们之间的关系满足 $r_c \approx (a+b)/2$，因此可将其作为海天线提取是否成功的判断依据。其中 r_c 可手动确定。若提取的海天线满足如下条件公式，则认为海天线提取成功：

$$\left| r_c - \frac{a+b}{2} \right| < d_{th} \qquad (3-44)$$

式中，d_{th} 为判断阈值。

3.3.3　基于海天线的全景图像电子稳像

1.电子稳像模型

本书所提出的简化稳像模型基于如下两个假设：

（1）当载体不发生晃动时，全景图像可由一系列相邻的密集同心圆表示；当载体发生晃动时，同心圆变为同心椭圆并发生中心点偏移。

（2）同一圆周上的所有景物点在变形后仍会位于同一椭圆上，如图 3.17 所示。其中粗实线表示海天线。

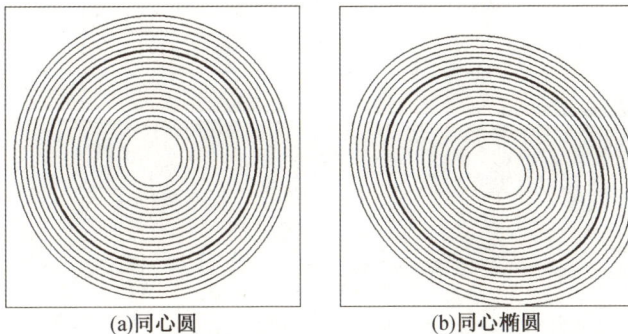

(a)同心圆　　　　　　　　　　(b)同心椭圆

图 3.17　全景图像稳像模型

实际情况下全景图像中海天线上的点对应于无穷远处景物,只有海天线上的景物点满足条件(2)。当载体发生晃动时,除与全景相机固定连接的载体外,所有空间景物点的投影角度都将发生变化,成像将发生形变,并不能精确满足假设条件(2)。

基于两个假设条件的全景图像稳像算法即将同心椭圆矫正为同心圆,如图 3.18(a)所示,然后将圆心 O_c 平移至理想情况下海天线中心点 O_c',如图 3.18(b)所示。

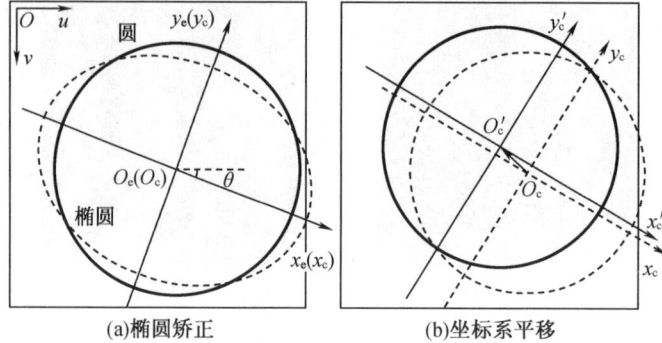

(a)椭圆矫正　　　　　　　　(b)坐标系平移

图 3.18　图像坐标系设置

图 3.18 为稳像坐标系设置,图像坐标系原点位于图像左上角。其中 $x_e O_e y_e$ 为失稳图像同心椭圆坐标系,$x_c O_c y_c$ 为矫正后同心椭圆坐标系,$x_c' O_c' y_c'$ 为稳像图像同心圆坐标系,θ 为海天线椭圆方程倾斜角。基于假设条件的图像稳像虽然不能完全矫正景物形变,但能极大地简化稳像算法,提高计算速度。

记理想情况下海天线成像圆心为 $[u_c, v_c]$,半径为 R,a、b 为失稳图像中海天线成像椭圆长短轴,$[u_e, v_e]$ 为椭圆中心点,θ 为椭圆旋转角度。假设点 $p = [i, j]$ 为稳像图像上任意一点的图像坐标,稳像过程即为计算出点 p 对应失稳图像上的点坐标 $p' = [i', j']$。记 r 为该点到图像中心点 $[u_c, v_c]$ 的距离,矩阵 E 和 C 分别表示该点对应稳像前后的椭圆和圆,a'、b' 为对应的椭圆长短轴,在图 3.18(a)坐标系下椭圆和圆二次曲线方程可表示为

$$\begin{cases} m'^{\mathrm{T}} E m' = 0 \\ m^{\mathrm{T}} C m = 0 \end{cases} \tag{3-45}$$

式中,矩阵 E 和 C 表示为

$$E = \begin{bmatrix} \dfrac{1}{a'^2} & 0 & 0 \\ 0 & \dfrac{1}{b'^2} & 0 \\ 0 & 0 & -1 \end{bmatrix}, C = \begin{bmatrix} \dfrac{1}{r^2} & 0 & 0 \\ 0 & \dfrac{1}{r^2} & 0 \\ 0 & 0 & -1 \end{bmatrix} \tag{3-46}$$

已知椭圆旋转角度为 θ,则点 m 在 $x_c O_c y_c$ 坐标系下可表示为

$$m = [x_c \quad y_c \quad 1]^{\mathrm{T}} = R_\theta [i - u_c \quad j - v_c \quad 1]^{\mathrm{T}} \tag{3-47}$$

式中

$$R_\theta = \begin{bmatrix} \cos\theta & \sin\theta \\ -\sin\theta & \cos\theta \end{bmatrix} \tag{3-48}$$

由式(3-44)知椭圆长短轴 a'、b' 和 r 存在如下关系:

$$r \approx \frac{a' + b'}{2} \tag{3-49}$$

则由比例关系可得

$$a' \approx \frac{r}{R}a, b' \approx \frac{r}{R}b \tag{3-50}$$

假设矩阵 $\boldsymbol{K}$ 为 3×3 矩阵,令

$$\boldsymbol{m}' = \begin{bmatrix} x'_c & y'_c & 1 \end{bmatrix}^T = \boldsymbol{Km} \tag{3-51}$$

将式(3-51)代入式(3-45)得

$$(\boldsymbol{Km})^T \boldsymbol{E}(\boldsymbol{Km}) = 0 \tag{3-52}$$

对比式(3-45)中两方程有

$$\boldsymbol{K}^T \boldsymbol{E} \boldsymbol{K} = \boldsymbol{C} \tag{3-53}$$

对式(3-53)求解可得

$$\boldsymbol{K} = \begin{bmatrix} \dfrac{a'}{r} & 0 & 0 \\ 0 & \dfrac{b'}{r} & 0 \\ 0 & 0 & 1 \end{bmatrix} \tag{3-54}$$

计算出 $\boldsymbol{m}'$ 后可使用下式计算出最终 $\boldsymbol{p}'$ 点坐标:

$$\boldsymbol{p}' = \begin{bmatrix} i' \\ j' \end{bmatrix} = \boldsymbol{R}_\theta^T \begin{bmatrix} x'_c \\ y'_c \end{bmatrix} + \begin{bmatrix} u_e \\ v_e \end{bmatrix} \tag{3-55}$$

2. 背景模板

全景图像中部分背景不会随着载体摇晃而发生变化,这部分图像为固定背景,可手动提取,并设置为非稳像区域,如图 3.19 所示。

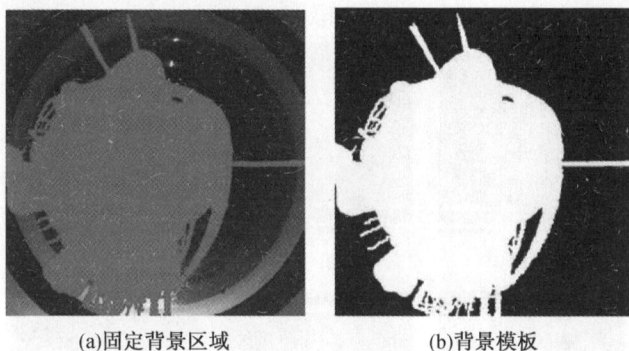

(a)固定背景区域　　　　　　　　(b)背景模板

图 3.19　背景区域

3. 全景图像电子稳像试验验证

全景图像电子稳像试验验证采用海洋浮标可视化目标探测系统中的全景图像采集处理设备,如图 3.20 所示。全景图像采集处理设备采用模块化分体设计,可方便地根据任务需要进行拆分使用或者换装不同分辨率的相机和反射镜。图像采集后即可直接进行本地处理,也可使用光纤模块传输至处理终端进行处理。相机具有曝光时间自动调整功能,整套装置采用三防设计,可满足长时间海洋环境使用要求,前端处理器为 UNO-3083 嵌入式计算机,主要配置为 intel 酷睿 i7 处理器,主频为 2.2 GHz,内存为 4 GB,操作系统为 Windows XP,实验以 VC 6.0 软件为平台结合 OpenCV 库编写。

图 3.20　全景图像采集处理设备

（1）算法复杂度分析和海天线提取试验

在最优边缘估计算法中，已知有效区域内共有 m 条边缘，则每次搜索计算最长边缘选取所需的最大计算次数为 m，顺/逆时针搜索最优边缘估计方程最大计算次数为 $m-1$。假设最大循环搜索次数为 t，每次逆/顺时针搜索的边缘个数最大为 s，则算法的最大运算时间复杂度可表示为

$$A = \sum_{i=0}^{t} \left[m + 2 \sum_{j=0}^{s} (m-1) \right] = O(m) \qquad (3-56)$$

在实际测试中，t 和 s 均为个位数，只需数次计算即可完成海天线边缘搜索。

为测试海天线提取算法性能，使用分别在港口、航道和远海三种不同实验环境下拍摄的大量图片进行了实际测试。图像分辨率为 1 024 × 1 024 px，取 $\theta_{th1} = 5$，$\theta_{th2} = 15$，$\theta_{th} = 10$，$R_{th} = 15$。部分测试图片及海天线提取结果如图 3.21 所示。

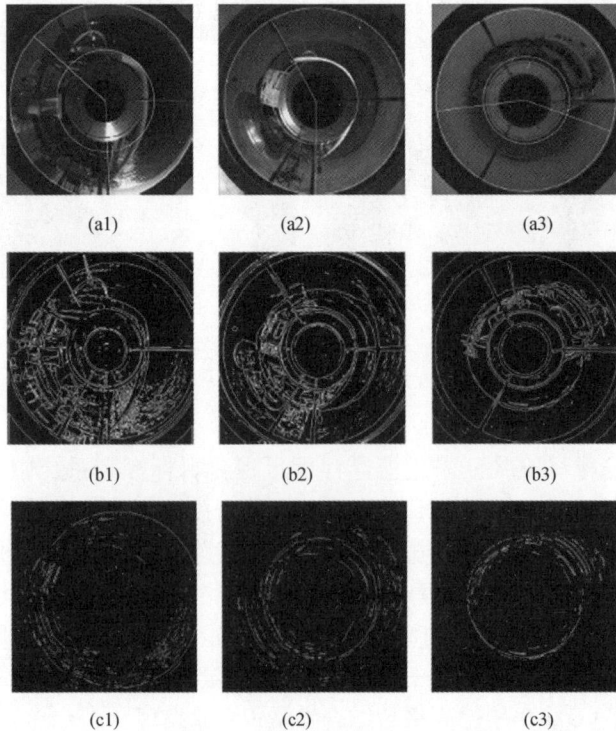

(a1)　　　　　　　　(a2)　　　　　　　　(a3)

(b1)　　　　　　　　(b2)　　　　　　　　(b3)

(c1)　　　　　　　　(c2)　　　　　　　　(c3)

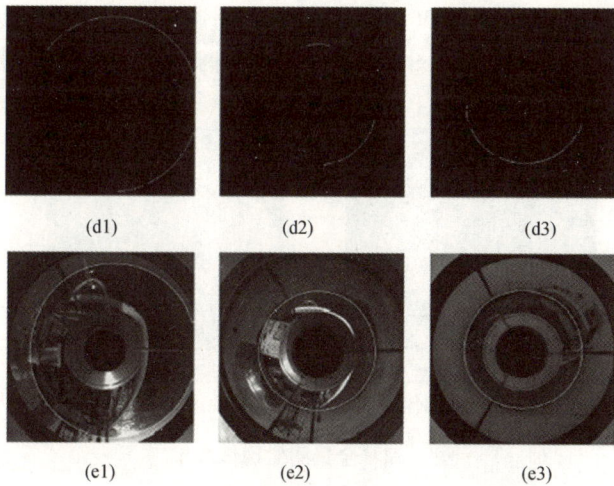

图 3.21　部分测试图片及海天线提取结果

图 3.21 中,图(a1)拍摄环境为远海,图(a2)拍摄环境为航道,图(a3)拍摄环境为港口,使用单测垂直视角为 120°的双曲面反射镜,较大的垂直视野使全景相机对载体的晃动具有更强的适应性。图 3.21(a1)至(a3)中除设置有效检测区域外(两白色圆圈中间部分),根据遮挡情况设置了遮挡区域(两条白线中间部分)。

分区自适应阈值边缘检测算法有效地检测出了不同环境下的海天线区域(图 3.21(b1)至(b3));双阈值梯度方向过滤法则有效地过滤掉了径向边缘,并将干扰物分割为较短的边缘(图 3.21(c1)至(c3))。图 3.21(d1)至(d3)和图 3.21(e1)至(e3)则分别显示了海天线提取结果及最终的椭圆拟合效果,即使在有效区域小于 180°的环境下,仍然精确地拟合出了海天线(图 3.21(e3))。

为测试算法的成功率与实时性,本书使用连续拍摄的 1 700 张图片进行了测试,设置不同的图像分辨率与检测参数,测试结果见表 3.1。

表 3.1　海天线提取算法性能

分辨率/px	平均计算时间 /ms	成功率	参数设置
256(H)×256(V)	38	95.8%	$\theta_{th1}=5,\theta_{th2}=15$ $\theta_{th}=10,R_{th}=3,d_{th}=0.7$
512(H)×512(V)	187	97.3%	$\theta_{th1}=5,\theta_{th2}=15$ $\theta_{th}=10,R_{th}=7,d_{th}=1.5$
1 024(H)×1 024(V)	846	98.1%	$\theta_{th1}=5,\theta_{th2}=15$ $\theta_{th}=10,R_{th}=15,d_{th}=3$

部分图片由于晃动较大,海天线被舰船遮挡或超出视野,造成海天线检测失败。同时,图像分辨率的下降也会影响最终椭圆拟合结果的准确性,造成海天线提取成功率下降,但从表 3.1 中可以看出其影响较小。为保证海天线提取精度,进行海天线提取时,图像尺寸不宜太小。

(2)全景图像稳像试验

本书使用低分辨率 256(H)×256(V) px 的图像进行快速海天线成像方程计算,然后对分辨率 1 024(H)×1 024(V) px 的图像进行图像稳像试验,全景图像稳像效果如图 3.22 所示。

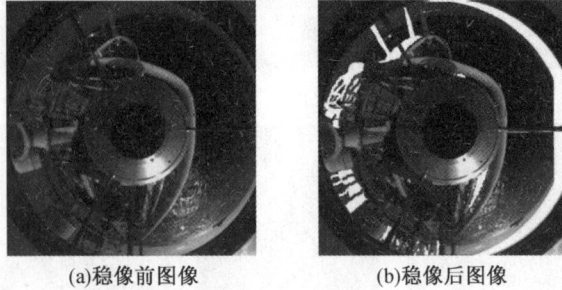

(a)稳像前图像　　　　　　(b)稳像后图像

图 3.22　全景图像稳像效果

图 3.22(a)为稳像前后的图像对比。图 3.22(b)中白色部分为稳像无效区域,如果不填充合适的像素值将会严重影响图像的视觉效果。因此本书提出了关键帧补偿法对稳像无效区域进行重建,改善视觉效果。

(3)无效区域重建像试验

由于稳像对象为连续的图像序列,载体的晃动会导致周期性地出现晃动较小的图像,因此可通过提取的椭圆参数进行判断。如果椭圆长短轴非常接近,并且椭圆中心点与理想情况下海天线圆中心点非常接近,则可以认为该图像晃动较小,如图 3.23 所示。

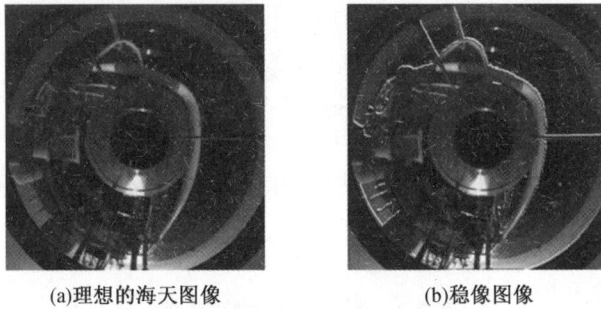

(a)理想的海天图像　　　　　　(b)稳像图像

图 3.23　理想海天图像及稳像图像

图 3.23 为理想海天图像及其稳像图像。从图 3.23(a)中可以看出,图像晃动极小,因此图 3.23(b)中的无效区域较小,可以考虑使用原图相同位置处的像素值进行填充,重建效果如图 3.24 所示。

图 3.24　无效区域重建效果

　　从图 3.24 中可以看出,填充后的图像较为完整,视觉效果大为改善。此时可设置此稳像图像为关键帧图像,其后稳像图像中的无效区域全部填充为关键帧图像中相同位置的像素值,直至出现新的关键帧图像,关键帧图像被更新。对 1 700 张连续全景视频图像序列进行稳像实验,部分图像稳像效果如图 3.25 所示。

　　从图 3.25 中可以看出,晃动不但被抑制,而且无效区域被填充为相邻关键帧中的像素,即使图像晃动使海天线超出视野,重建后的稳像图像中仍然能保证海天区域的完整性,极大地改善了视觉效果。基于简化稳像模型的稳像算法计算简单,对分辨率 1 024(H) × 1 024(V) px 的全景图像矫正和重建平均计算时间为 10 ms,基于海天线的全景图像电子稳像算法可控制在50 ms 以内,具有较高的实时性。

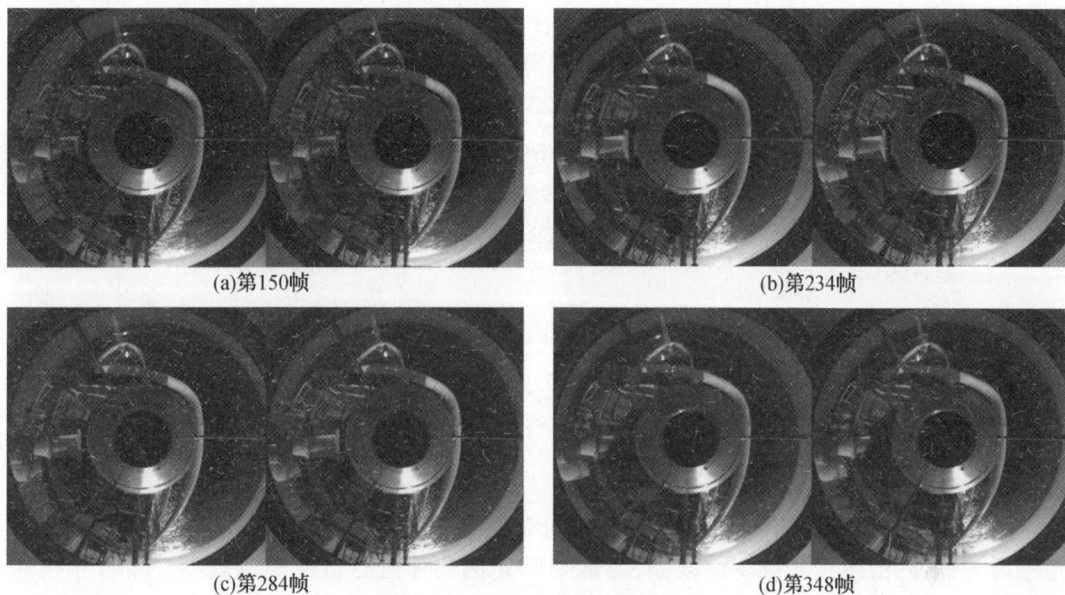

(a)第150帧　　　　　　　　　　　　　　　(b)第234帧

(c)第284帧　　　　　　　　　　　　　　　(d)第348帧

图 3.25　稳像效果

3.4　本 章 小 结

　　本章以海洋浮标可视化目标探测系统中采用的全景视觉系统为讨论对象,在全景视觉系统成像机理的基础上,构建了成像系统满足单视点约束条件的数学模型,并进一步给出了完整的全景视觉成像机理分析。基于所构建的成像系统模型,给出了全景图像的柱面还原和透视还原算法并进行了改进,对提出的改进算法通过仿真及实际图像进行了验证。并针对海洋浮标基座受到海风、海流、海浪的作用会出现不规则抖动、摇摆、升沉等不稳定现象,深入探讨针对全景视觉系统的电子稳像技术,试验结果证明,基于海天线的电子稳像算法可有效抑制海天线晃动,并具有计算速度快、成功率高的优点,显著提高了全景观测图像视觉效果。

第 4 章 异构视觉系统联合目标探测技术

本章将重点研究将折反射全景相机与传统透视相机这两种不同类型相机组合为一种混合视觉系统,利用两种相机各自的优势,实现大范围检测与精细观测,并研究了在不同类型相机组合中的定位方法。由于折反射全景视觉可以一次获取水平 360°的视野范围,因此适合检测环境中的感兴趣目标。考虑到全景分辨率低的缺点,为实现目标的精细观察,高分辨率透视相机对全景中检测的目标进行特定观察。由于折反射全景相机与传统透视相机的成像原理不同,目前对混合视觉系统的几何关系和三维定位仍然存在较大的难题。同时,混合视觉系统可以应用在机器人导航或海上监控等领域,用于分析和决策控制。因此,研究一种基于混合视觉的目标检测与定位系统就显得十分必要且有重要的意义。

4.1 混合视觉系统模型

4.1.1 视觉系统模型介绍

随着公共监控需求的增长,异构视觉系统在逐步发展。全景相机可以监控到 360°视野范围内的物体,但由于分辨率的限制,不能对特定的物体进行近距离的观察。单目相机却能够做到这一点。单目相机有着优良的移动性能和变焦能力,可以弥补全景相机的缺点。二者的结合,不但能够对监控区域进行全方位的观察,还能够看到特定目标的细节部分,所以将此系统用于海上航行目标的观察也是行之有效的。

近些年,很热门的一个研究方向就是在机器人上应用混合视觉。混合视觉中,最关键的两个问题就是单目视觉和全景视觉的几何约束关系,以及进行特征匹配查找目标。卢惠民等人提出基于 HIS 空间的足球定位算法,同时在全景相机的基础上引入云台相机,解决了全景分辨率不高的问题。更有学者综合在全景视觉和单目视觉中获取的信息,提取图像的特征,再利用三角法进行三维定位,但是以上算法都要求全景相机和单目相机是共轴的,在实际应用中很难满足这样的前提条件。Svoboda 等分析了全景视觉系统中的对极几何关系,推导出了极线方程。Roberti 等分析了单目视觉和全景视觉构成的混合视觉的对极几何关系。在查找特征的方法上,很多学者使用角点检测,然而全景图像有很大的畸变,所以要找到一些不受尺度和畸变影响的特征来进行目标检测和跟踪。Cui 等用背景差分和颜色镜像轮廓进行目标检测和跟踪,在实际图像处理过程中应用了三次多项式,用来自全景相机和单目相机中的较高的置信系数去跟踪目标。这样一来,就解决了目标跟踪的模糊性和闭塞性。Scotti 等解决了全景视觉的分辨率不均匀和校准问题,他们用颜色、形状、位置等信息作为跟踪的特征,一旦单目相机跟踪失败,全景相机则作为第二选择再进行跟踪。

在异构视觉系统中,不同相机之间的协作能力是观察目标准确与否的关键。大多数现有的双相机系统是一种开环系统,相机之间没有信息交互。在我们的视觉系统中,单目相机检测到的信息会反馈给全景相机,作为先验知识,通过分散式卡尔曼滤波与全景相机获得的信息混合来提高跟踪的准确性,因此能够构成闭环系统。在接下来的内容里将分别为读者介绍混合视觉中的对极几何关系、共同视场的确定、特征点的查找及实验的过程和结果。

图 4.1 展示了一种常用的异构视觉系统,普通透视相机的 z 轴与全景相机的 z 轴重合。普通透视相机的原点为 $(0,0,z_0)$,全景相机的原点为 $(0,0,0)$。

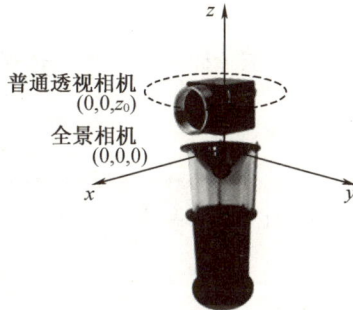

图 4.1　全景相机和单目相机的相对几何关系

4.1.2　对极几何基础知识

利用相机之间的对极几何关系能够尽可能地缩小两台立体相机上匹配点出现的可能范围,因此在这里先介绍对极几何的基础知识。

立体成像的基本几何学就是对极几何。从本质上来说,对极几何就是将两个针孔模型(每个相机就是一个针孔)和一些新的被称为极点的感兴趣点结合起来。在解释这些极点有何用处之前,我们先来明确定义它们,再了解一些相关术语。

如图 4.2 所示,每台相机都有一个独立的投影中心,分别为 O_1 和 O_r 以及相应的投影平面 π_1 和 π_r。物理世界中的点 p 在每个投影面上的投影点记为 p_1 和 p_r。新感兴趣的点叫作极点,平面 π_1(或 π_r)上的一个极点 e_1(或 e_r)被定义成另一台相机 $O_r(O_1)$ 的投影中心的成像点。由实际点 p 和两个极点 e_1 和 e_r(或者投影中心 O_r 和 O_1)确定的平面叫作极面。线 p_1e_1 和 p_re_r(投影点与对应极点之间的连线)称为极线。

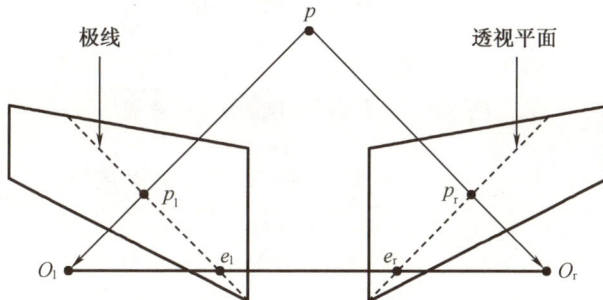

图 4.2　对极几何关系

物理世界中的一个点投影到左(或右)图像平面,它一定是落在 O_1 指向 p_1(或 O_r 指向 p_r)的任何位置上,但只用一台相机无法确定其与观测点的距离。如果这条直线投影到另一台相机的图像平面上,就是此平面上 p 的投影点和极点的连线。也就是说,一台相机上看到的所有可能位置的点都是穿过另一台相机的极点和对应点的直线图像。

下面我们引入对极约束的概念:某一图像上的一个点,它在另一个图像上的匹配视图一定在对应的极线上。有了对极约束的概念意味着一旦知道两个相机的对极几何,图像间的匹配特征的二维搜索就转变成了沿着极线的一维搜索,既减少了我们的工作量,又去除了误匹配。

4.2　混合立体视觉系统目标协同检测算法研究

基于之前介绍的混合视觉系统的基础知识,本节将深入研究垂直布置式的全景相机与透视相机组成的立体视觉中的目标协同检测算法,实现在混合立体视觉下的目标协同检测。

4.2.1　混合立体视觉系统协同检测方法

一般来说,全景视觉视场广阔,因此能够第一时间发现目标,不易丢失目标,透视相机视角狭窄,具有变焦能力,且高分辨率透视相机能够捕获目标详细信息。混合立体视觉目标协同检测算法的主要思想是由全景视觉先发现感兴趣目标,通过解算得到目标的方位信息,结合垂直布置式立体系统全景与透视成像系统的位置关系,实现混合立体视觉中的目标协同检测。透视相机与全景相机垂直固定放置,因此仅考虑目标在共同视场的水平方位。图 4.3 为全景源图像目标(region of interest,ROI)方位示意图。

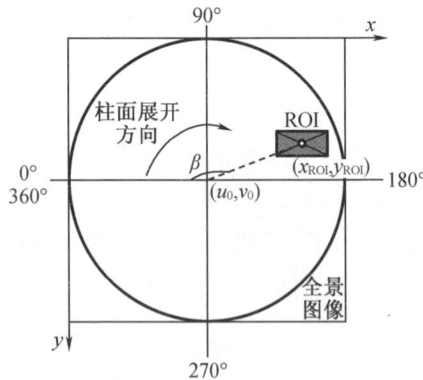

图 4.3　全景源图像目标方位示意图

目标中心坐标为 (x_{ROI}, y_{ROI}),对应在源图像上与 u 轴的夹角为 β,计算公式如下:

$$\beta = \begin{cases} \arctan \dfrac{y_{\text{ROI}} - v_0}{x_{\text{ROI}} - u_0} + 180° & (x_{\text{ROI}} - u_0) > 0 \\[2mm] \arctan \dfrac{y_{\text{ROI}} - v_0}{x_{\text{ROI}} - u_0} & (x_{\text{ROI}} - u_0) < 0 \text{ 且 } (y_{\text{ROI}} - v_0) < 0 \\[2mm] \arctan \dfrac{y_{\text{ROI}} - v_0}{x_{\text{ROI}} - u_0} + 360° & (x_{\text{ROI}} - u_0) < 0 \text{ 且 } (y_{\text{ROI}} - v_0) > 0 \\[2mm] 0° & (x_{\text{ROI}} - u_0) < 0 \text{ 且 } (y_{\text{ROI}} - v_0) = 0 \\[2mm] 90° & (x_{\text{ROI}} - u_0) = 0 \text{ 且 } (y_{\text{ROI}} - v_0) < 0 \\[2mm] 180° & (x_{\text{ROI}} - u_0) > 0 \text{ 且 } (y_{\text{ROI}} - v_0) = 0 \\[2mm] 270° & (x_{\text{ROI}} - u_0) = 0 \text{ 且 } (y_{\text{ROI}} - v_0) > 0 \end{cases} \quad (4-1)$$

对应的全景柱面展开图像角度计算如式(4-2)所示。

$$\beta = \frac{x_{\text{ROI\_C}}}{W} \times 360° \quad (4-2)$$

相比全景原图中的计算更简捷,且柱面展开图像去除了畸变,更符合人眼观测习惯。在实际中,设透视相机方位(光轴位置)在全景中的角度为 θ,则目标协同检测时的转换角为 $|\beta - \theta|$。全景柱面展开图像中的目标方位如图4.4所示。

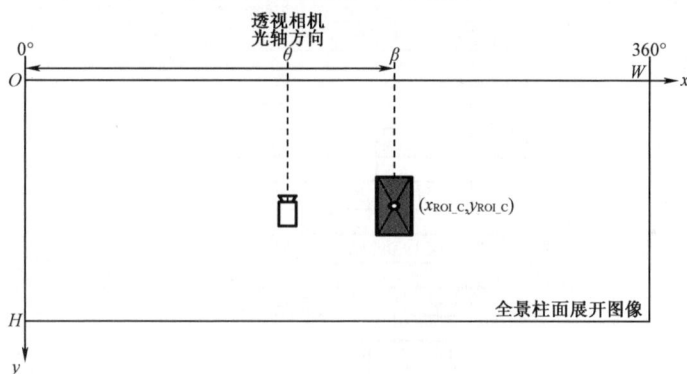

图 4.4　全景柱面展开图像中的目标方位示意图

在全景柱面展开图像中进行360°大范围目标检测,初步得到目标信息,进一步通过方位角度计算得到传统高分辨率透视相机与目标的角度位置关系,由载体(移动机器人或云台)转动方位角,由透视相机捕获目标细节信息,并判断初始全景源图像目标是否位于混合立体视觉共同视场,得到立体图像对是实现目标三维位置定位的基础。

4.2.2　基于 YOLO 的目标检测方法

YOLO 系列目标检测算法可以达到45 f/s 的处理速度,经过多次的改进,其无论在检测速度还是准确度方面都有了较大提升。YOLO 目标检测的整个过程包括三个步骤(图4.5):首先,将输入图像尺寸进行缩放操作;其次,通过训练好的卷积神经网络(模型在数据集上进行预训练)进行检测和分类;再次,根据置信度和非极大值抑制输出目标位置及类别。

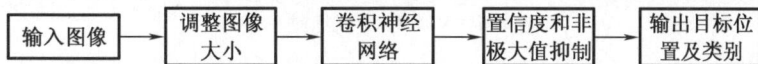

图 4.5　YOLO 检测过程

1. YOLOv1

YOLO 系列目标检测算法,首先将输入图像划分为 $S \times S$ 个网格单元,每个单元产生 B 个预测边界框(包括边界框 bounding box($x_{center}, y_{center}, w, h$)和置信度(confidence: $P_r(Object) *$ IOU_{pered}^{truth}),如果在单元格内有目标,则概率 $P_r(Object) = 1$;没有则为 0。设预测的物体类别有 C 类,则最终的输出张量为 $S \times S \times (5B + C)$。YOLOv1 网络结构如图 4.6 所示,其借鉴了 GoogLeNet ,由 24 个卷积层和 2 个全连接层组成,在卷积神经网络特征提取后生成的特征映射与全连接层相连接,然后生成预测目标框的位置信息与类别。

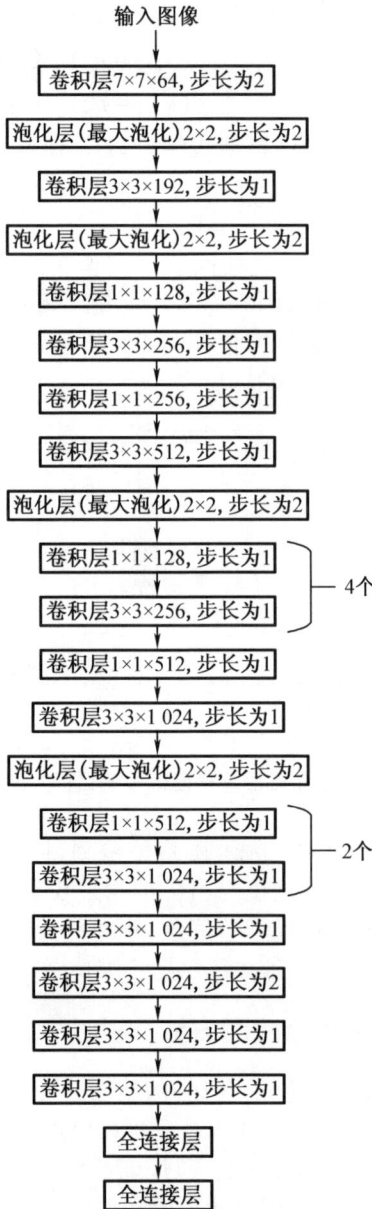

输入图像

卷积层7×7×64,步长为2

泡化层(最大泡化)2×2,步长为2

卷积层3×3×192,步长为1

泡化层(最大泡化)2×2,步长为2

卷积层1×1×128,步长为1

卷积层3×3×256,步长为1

卷积层1×1×256,步长为1

卷积层3×3×512,步长为1

泡化层(最大泡化)2×2,步长为2

卷积层1×1×128,步长为1

卷积层3×3×256,步长为1 ⎤ 4个

卷积层1×1×512,步长为1

卷积层3×3×1 024,步长为1

泡化层(最大泡化)2×2,步长为2

卷积层1×1×512,步长为1

卷积层3×3×1 024,步长为1 ⎤ 2个

卷积层3×3×1 024,步长为1

卷积层3×3×1 024,步长为2

卷积层3×3×1 024,步长为1

卷积层3×3×1 024,步长为1

全连接层

全连接层

图 4.6　YOLOv1 网络结构图

损失函数的计算包括位置误差、分类误差、置信度误差。单个网络单元($S = 7, B = 2$, $C = 20$)得到 $7 \times 7 \times 30$ 的特征图,让 3 个误差达到一种平衡。

$$loss = \lambda_{\text{coord}} \sum_{i=0}^{S^2} \sum_{j=0}^{B} 1_{ij}^{\text{obj}} [(x_i - \hat{x}_i)^2 + (y_i - \hat{y}_i)^2] +$$

$$\lambda_{\text{coord}} \sum_{i=0}^{S^2} \sum_{j=0}^{B} 1_{ij}^{\text{obj}} [(\sqrt{w_i} - \sqrt{\hat{w}_i})^2 + (\sqrt{h_i} - \sqrt{\hat{h}_i})^2] +$$

$$\lambda_{\text{noobj}} \sum_{i=0}^{S^2} \sum_{j=0}^{B} 1_{ij}^{\text{noobj}} (C_i - \hat{C}_i)^2 + \sum_{i=0}^{S^2} 1_i^{\text{obj}} \sum_{c \in \text{classes}} [p_i(c) - \hat{p}_i(c)]^2 \qquad (4-3)$$

测试时,网格单元预测的类别信息 $P_r(\text{Class}_i | \text{Object})$ 与置信度相乘得到每个边界框的属于某个类别的概率后,根据设置的阈值过滤掉得分低的边框,对保留的边框进行非极大值抑制(NMS)处理,就得到最终的检测结果。

2. YOLOv2

YOLOv2 在 YOLOv1 的基础上引入了批量归一化(batch normalization,BN),使得整个模型的 mAP 有效提升了近 2%;采用了 Darknet-19 作为模型的特征提取前端网络,针对小目标检测比较差的情况,加入了锚框,这里锚框的长、宽是通过 K-means 聚类生成的。不同于 YOLOv1 每个网格单元预测一个类别,YOLOv2 中对每个边框预测一个类别,最终输出张量变为 $S \times S \times B \times (5 + C)$。图 4.7 为 YOLOv2 柱面全景检测结果,没有检测到任何目标(这里置信度阈值设置为 0.4,非极大值抑制阈值设置为 0.4)。

图 4.7　YOLOv2 柱面全景检测结果

3. YOLOv3

网络输入图像尺寸可以是 320×320,416×416,608×608,网络结构采用 Darknet-53 去除全连接层进行预训练,为后续模型做初始化,相比具有深层网络的 ResNet-152 和 ResNet-101,Darknet-53 在分类精度上差不多,计算速度快很多,网络层数也较少。图 4.8 为 YOLOv3 柱面全景检测结果,识别出了坐在椅子上的人,并将实验室中的小履带机器人也识别为人,但由于靠在桌子上的人没有完全出现在成像中,因此没有被检测出来,出现了漏检,在速度上比 YOLOv2 稍慢,但准确度上比 YOLOv2 提高很多。

图 4.8　YOLOv3 柱面全景检测结果

4. YOLO-LITE

YOLO-LITE 是面向 CPU 的目标检测,采用精度换取速度的方式,使用输入图像大小减半的策略,从 YOLOv2 的 416×416 的输入变为 224×224 的输入。在此之前的能够实现实时目标检测的算法均对硬件有一定要求(需要图形处理单元 GPU),YOLO – LITE 在 YOLOv2 的基础上去除了批量归一化操作,虽然使用批量归一化可以缓解梯度消失,但同时也带来检测推理时间的增加,第一次实现了浅层的真正意义上的实时检测,但检测效果较差,还需进一步提高精度。图 4.9 为 YOLO – LITE 柱面全景检测结果,检测精度与准确度较差,并将场景中的人与椅子识别为 bird(鸟)和 car(车),出现了严重误检。

图 4.9　YOLO – LITE 柱面全景检测结果

4.2.3　混合立体视觉协同检测实验

图 4.10 为混合立体视觉协同检测实验。在实际应用混合立体视觉目标协同检测时,使用 COCO 数据集和 YOLOv3 检测算法,由全景视觉初步检测,并获取目标的角度方位,通过方位角度转换,并结合 SURF 匹配算法判断目标是否出现在共同视场中,利用透视相机捕获目标细节。图 4.10(a)为全景源图像目标检测结果(目标出现大小、方向改变,部分区域检测算法失效,导致右侧类别未检测成功)。图 4.10(c)为柱面展开全景目标检测结果(无畸变,符合人眼观测习惯,检测成功,无漏检、错检),此时透视相机采集图像为图 4.10(b)。由于全景源图像由式(3 – 1)和式(3 – 2)计算得到目标一在全景中方位角 $\beta_1 = 80°$,目标二在全景中方位角 $\beta_2 = 181°$,透视相机与全景相机的共同视场方位角为$(\theta_{ang\_1}, \theta_{ang\_2})$,其中 $\theta_{ang\_1} = 156.2°$,$\theta_{ang\_2} = 210.2°$,光轴角度 $\theta = 180°$,由目标检测框中心点计算在全景中的方位角 β,若 $\theta_{ang\_1} < \beta < \theta_{ang\_2}$,表明目标此时位于共同视场区域,目标的详细信息由高分辨率透视相机采集。否则转动角度$(\beta - \theta)$,并由初始 ROI 全景区域与当前时刻透视相机采集图像进行 SURF 匹配。若精确匹配点数大于设定阈值,表明匹配成功,初始 ROI 区域位于共同视场,否则重新检测。

通过目标检测实验,结合全景源图像与柱面展开图像检测结果,为实现目标检测算法的有效性,实验在无畸变的全景柱面图像进行目标检测。若以目标二为 ROI 目标,其中 $\theta_{ang\_1} < \beta_2 < \theta_{ang\_2}$ 位于共同视场。图 4.10(d)为柱面 ROI 目标检测结果与透视图像去除错误匹配的 SURF 匹配结果。

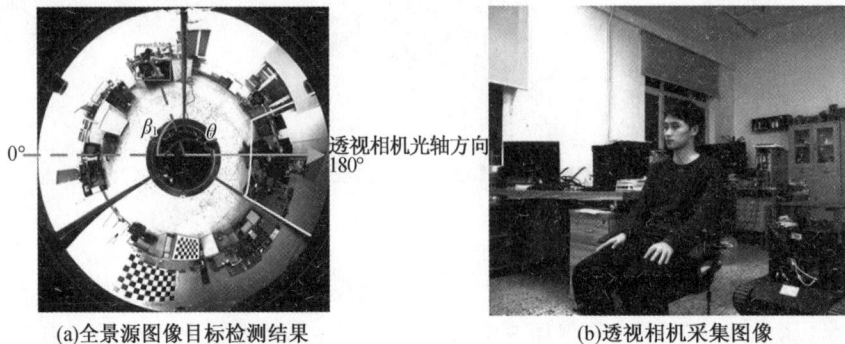

(a)全景源图像目标检测结果　　　　　(b)透视相机采集图像

(c)柱面展开全景目标检测结果

(d)SURF匹配结果

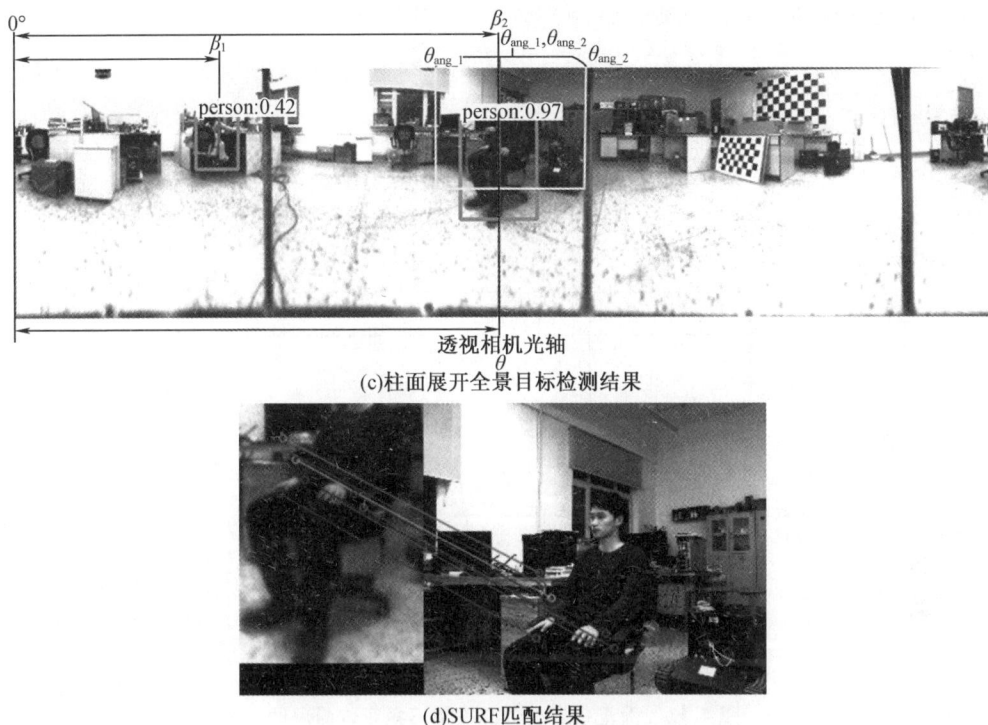

图 4.10　混合立体视觉目标协同检测

4.3　混合立体视觉系统目标定位算法研究

全景相机和透视相机同一时刻拍摄的感兴趣目标区域的立体图像对,使得目标点的三维度量信息可以通过立体校正和三角定位原理获得,但对于获取到的全景源图像与常规视觉图像无法直接进行目标点定位计算。因此,本节主要解决折反射全景相机与透视相机立体标定及定位这一难点,将定位问题一般化到混合立体视觉系统。

4.3.1　混合立体视觉测距原理

基于球面统一模型的全景视觉和常规视觉透视展开的图像满足透视成像原理,以垂直布置式双目透视定位为基础,应用于基于球面统一模型的混合立体视觉三维测距。对于垂直放置的全景与透视相机通过立体校正透视重投影得到的标准图像对的对应点水平坐标相同,垂直方向有视差。本章提出了混合立体视觉中的球面统一模型透视展开图像对,理想情况下这种垂直布置式的立体视觉校正后重投影透视图像对满足双目透视垂直定位约束。

图 4.11 为垂直布置式透视投影三角定位原理图(球面统一模型透视投影满足),垂直基线距离为 B,即两投影中心之间的距离。空间点 P 透视投影到上下垂直的图像平面上,具有相同的 x 坐标,竖直方向坐标分别为 (y_u, y_d),上面对应的图像像素点为 (x_u, y_u),下面对应的图像像素点为 (x_d, y_d),其中 $x_u = x_d = x$。根据三角形相似原理,满足

$$\frac{z}{f} = \frac{x}{x_u} = \frac{x}{x_d} = \frac{y}{y_u} = \frac{y-B}{y_d} \tag{4-4}$$

由式(4-4)得到标准的双目透视视觉测量公式

$$\begin{cases} X = \dfrac{xB}{y_u - y_d} = \dfrac{zx}{f} \\[3mm] Y = \dfrac{By_u}{y_u - y_d} = \dfrac{zy_u}{f} \\[3mm] Z = \dfrac{Bf}{y_u - y_d} = \dfrac{Bf}{v_y} \end{cases} \qquad (4-5)$$

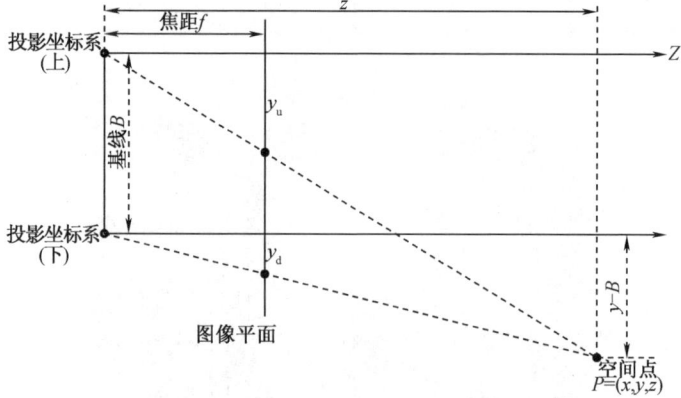

图 4.11　垂直布置式透视投影三角定位原理图

对于垂直双目测距系统来说,由于拍摄的角度不同,同一物体在上下两个图像平面成像的位置具有垂直方向上的视差($v_y = y_u - y_d$)。如图 4.12 所示,远近不同的物体在上下两个图像平面成像的位置具有不同的视差,其中在上面的成像平面中物体位于上侧,在下面的成像平面中靠近下侧,且对于近处的物体具有更大的视差。因此,如要求得空间点位置,需已知:相机焦距 f(在混合立体视觉中为重投影焦距);上下投影坐标系的垂直基线距离 B(这里为两个球面统一模型有效视点之间的距离);对应点视差 $v_y = y_u - y_d$,即上下图像平面像素点(x_u, y_u)和(x_d, y_d)的关系。因此,要实现在折反射全景与透视相机组成的混合立体视觉的三维定位,首先要进行立体视觉系统标定,得到混合立体视觉球面统一模型;其次将球面投影模型透视展开,得到具有垂直视差标准图像对。

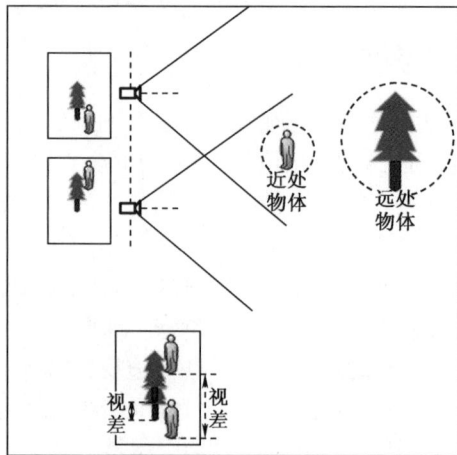

图 4.12　透视图像对垂直视差原理图

4.3.2　基于本征矩阵的混合立体视觉标定

立体标定的目的是获取两个相机的旋转与平移位置关系,传统的求解双目相机相对位置关系的方法都是基于同种类型相机进行立体标定,因此在传统的双目立体视觉中,若已知空间中一点 P,则在两个相机坐标系下的观测坐标可表示为

$$\begin{cases} P_1 = R_1 P + T_1 \\ P_2 = R_2 P + T_2 \end{cases} \quad (4-6)$$

式中,R_1、T_1 和 R_2、T_2 分别为世界坐标系到两个相机坐标系的旋转矩阵与平移矩阵,可通过单目标定结果获得。且满足 $P_1 = R^T(P_r - T)$,通过多组立体图像对即可得到两个相机坐标系之间的几何位置关系 (R,T):

$$\begin{cases} R = R_2^{-T} R_1^T \\ T = T_2 - R^{-T} T_1 \end{cases} \quad (4-7)$$

相比之下,混合立体视觉中折反射全景成像和传统透视视觉相机成像原理不同,坐标系建立不同,加之方位角不同,传统的立体标定方法已经不适用于本混合立体视觉系统。为实现在不同类型相机之间的立体标定,全景视觉与透视视觉投影模型均采用统一的球面投影,并且通过本征矩阵求解外部参数和球面有效中心视点坐标系实现后续的立体校正。混合立体视觉统一模型如图 4.13 所示。

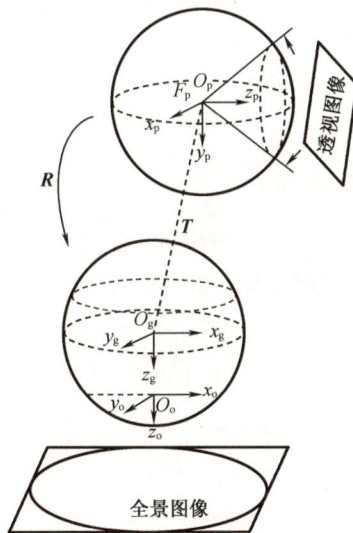

图 4.13　混合立体视觉统一模型

已知空间中的一点在球面统一模型中有效视点坐标系下的两个对应点 $s_1 = [\begin{matrix} x_{s1} & y_{s1} & z_{s1} \end{matrix}]^T$,$s_2 = [\begin{matrix} x_{s2} & y_{s2} & z_{s2} \end{matrix}]^T$,具有如下关系:

$$s_2^T \cdot R(T \times s_1) = s_2^T E x_{s1} = 0 \quad (4-8)$$

式中,E 为本征矩阵,$E = R[T]_\times$,是一个秩为 2 的不满秩矩阵,其行列式值为零。本征矩阵仅与两个相机的相对位置参数有关,而与相机自身的内部参数无关,且有

$$[T]_\times = \begin{bmatrix} 0 & -T_z & T_y \\ T_z & 0 & -T_x \\ -T_y & T_x & 0 \end{bmatrix} \quad (4-9)$$

$[\boldsymbol{T}]_\times$ 是一个反对称矩阵,本征矩阵 $\boldsymbol{E}$ 的两个非零奇异值相等。式(4－8)等效于

$$\boldsymbol{U}^{\mathrm{T}}\boldsymbol{E} = \begin{bmatrix} x_{s1}x_{s2} & x_{s1}y_{s2} & x_{s1}z_{s2} & y_{s1}x_{s2} & y_{s1}y_{s2} & y_{s1}z_{s2} & z_{s1}x_{s2} & z_{s1}y_{s2} & z_{s1}z_{s2} \end{bmatrix}^{\mathrm{T}}$$

其中

$$\boldsymbol{E} = \begin{bmatrix} E_{11} & E_{12} & E_{13} & E_{21} & E_{22} & E_{23} & E_{31} & E_{32} & E_{33} \end{bmatrix}^{\mathrm{T}}$$

本征矩阵可通过八点法求解,是从 8 个或更多匹配点对集合中计算基础矩阵和本征矩阵的一种常用方法。这种方法的优点在于它是线性的,计算速度快,易于实现,但极易受到噪声的影响。采用归一化八点法,对这些匹配点进行简单的平移和缩放操作,再进行矩阵求解,提高了结果的稳定性。

在理想情况下,本征矩阵具有两个相同的非零奇异值和一个奇异值 0。在实际计算时,误差的存在使得求解得到的两个奇异值通常不等,通常的解决办法是取均值,即

$$\boldsymbol{E} = \boldsymbol{U}\mathrm{diag}\begin{pmatrix} \dfrac{\sigma_1 + \sigma_2}{2} & \dfrac{\sigma_1 + \sigma_2}{2} & 0 \end{pmatrix}\boldsymbol{V}^{\mathrm{T}} \tag{4－10}$$

式(4－8)本征矩阵包含的是坐标系之间的几何位置关系,旋转矩阵 $\boldsymbol{R}$ 和平移矩阵 $\boldsymbol{T}$ 可通本征矩阵 $\boldsymbol{E}$ 分解得到,且有

$$[\boldsymbol{T}]_\times \approx \boldsymbol{V}\boldsymbol{Z}\boldsymbol{V}^{\mathrm{T}}, \boldsymbol{R} = \boldsymbol{U}\boldsymbol{G}\boldsymbol{V}^{\mathrm{T}} \tag{4－11}$$

$$\boldsymbol{G} = \begin{bmatrix} 0 & 1 & 0 \\ -1 & 0 & 0 \\ 0 & 0 & 1 \end{bmatrix} \tag{4－12}$$

$$\boldsymbol{Z} = \begin{bmatrix} 0 & -1 & 0 \\ 1 & 0 & 0 \\ 0 & 0 & 0 \end{bmatrix} \tag{4－13}$$

4.3.3　混合立体视觉立体校正

初步转换透视相机坐标系 $F_{\mathrm{p}}:O_{\mathrm{p}}x_{\mathrm{p}}y_{\mathrm{p}}z_{\mathrm{p}}$(透视视觉有效视点坐标系)方位,与全景视觉球心有效视点坐标系 $F_{\mathrm{g}}:O_{\mathrm{g}}x_{\mathrm{g}}y_{\mathrm{g}}z_{\mathrm{g}}$ 统一。根据全景二维图像成像平面粗略确定全景与透视视觉共同视场方位,这一步为粗略矫正,若已知透视相机球面统一模型中的一点 $s_{\mathrm{p}} = \begin{bmatrix} x_{\mathrm{p}} & y_{\mathrm{p}} & z_{\mathrm{p}} \end{bmatrix}^{\mathrm{T}}$,初步矫正后的坐标为 $s_{\mathrm{rp}} = \begin{bmatrix} x_{\mathrm{rp}} & y_{\mathrm{rp}} & z_{\mathrm{rp}} \end{bmatrix}^{\mathrm{T}}$。共同方位确定如图 4.14 所示。

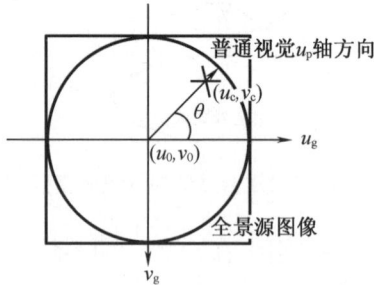

图 4.14　共同方位确定

将透视视觉有效视点坐标系转换为与全景坐标系同向:

$$\boldsymbol{R}_{\mathrm{trans}} = \begin{bmatrix} 0 & 1 & 0 \\ 0 & 0 & 1 \\ 1 & 0 & 0 \end{bmatrix} \tag{4－14}$$

经过式(4－14)的坐标系转换,实现了在传统透视视觉与全景视觉有效视点 z 轴方向

的粗略矫正,为实现在 x 轴方向的矫正,首先确定共同方位并计算透视视觉 u_p 轴与全景源图像 u_0 的夹角 θ,且有

$$\theta = \arctan \frac{v_c - v_g}{u_c - u_g} \qquad (4-15)$$

绕 z 轴旋转 θ 角度,即完成两坐标系的粗校正。综上具体坐标转换为

$$\begin{bmatrix} x_{rp} \\ y_{rp} \\ z_{rp} \end{bmatrix} = \boldsymbol{R}_\theta \boldsymbol{R}_{trans} \begin{bmatrix} x_p \\ y_p \\ z_p \end{bmatrix} = \begin{bmatrix} \cos\theta & -\sin\theta & 0 \\ \sin\theta & \cos\theta & 0 \\ 0 & 0 & 1 \end{bmatrix} \begin{bmatrix} 0 & 1 & 0 \\ 0 & 0 & 1 \\ 1 & 0 & 0 \end{bmatrix} \begin{bmatrix} x_p \\ y_p \\ z_p \end{bmatrix} \qquad (4-16)$$

至此实现了混合立体视觉的粗略矫正,得到透视视觉立体校正前的中间坐标系 F_{rp}: $O_p x_{rp} y_{rp} z_{rp}$。

为实现两坐标系严格意义上的统一,根据上一节中两球面坐标系相对位置关系计算方法,通过平面棋盘格全景和透视视觉立体图像对,根据相机内部参数标定结果和已知立体图像对中棋盘格角点亚像素坐标对应的球面投影点,并转换透视视觉坐标系 F_p 到中间坐标系 F_{rp},求解本征矩阵,得到两个有效视点坐标系 F_{rp} 和 F_g 的旋转与平移位置关系 $(\boldsymbol{R},\boldsymbol{T})$。

类比经典的 Bouguet 极线校正方法,在本系统中的最终目标是使校正后的两坐标系 F_p'、F_p' 的 y_g' 与 y_p' 共轴。Bouguet 校正的原则是将旋转与平移矩阵分解,使得两坐标系各旋转一半而使两幅图像重新投影造成的畸变最小,两视图的共同面积最大。在全景与透视视觉的球面模型中,设空间点 p 在透视视觉中间坐标系 F_{rp} 的对应点为 s_{rp},对应点在全景视觉有效视点坐标系 F_g 下的坐标点为 s_g,则有

$$s_{rp} = Rs_g + \lambda \overline{\boldsymbol{T}} \qquad (4-17)$$

以两球心有效视点的连线作为 z_p'、z_g',坐标系 F_{rp}、F_g 分别旋转 $\boldsymbol{R}_u$、$\boldsymbol{R}_d$,得到立体校正后的坐标系 F_p'、F_g',如图 4.15 所示。此时经旋转变换后的坐标为

$$\begin{cases} s_p' = \boldsymbol{R}_u s_{rp} \\ s_g' = \boldsymbol{R}_d s_g \end{cases} \qquad (4-18)$$

式中,$\boldsymbol{R}_u$ 的计算公式如下:

$$\boldsymbol{R}_u = \begin{bmatrix} \boldsymbol{e}_{u1} \\ \boldsymbol{e}_{u2} \\ \boldsymbol{e}_{u3} \end{bmatrix} \qquad (4-19)$$

式中,$\boldsymbol{e}_{u3} = -\overline{\boldsymbol{T}} = \begin{bmatrix} T_x & T_y & T_z \end{bmatrix}$;$\boldsymbol{e}_{u2} = \boldsymbol{e}_{u3} \times \begin{bmatrix} 1 & 0 & 0 \end{bmatrix}^T$;$\boldsymbol{e}_{u1} = \boldsymbol{e}_{u2} \times \boldsymbol{e}_{u3}$。

同样地,$\boldsymbol{R}_d$ 的计算如式(4-20)所示。

$$\boldsymbol{R}_d = \begin{bmatrix} \boldsymbol{e}_{d1} \\ \boldsymbol{e}_{d2} \\ \boldsymbol{e}_{d3} \end{bmatrix} \qquad (4-20)$$

式中,$\boldsymbol{e}_{d3} = -\boldsymbol{R}\overline{\boldsymbol{T}}$;$\boldsymbol{e}_{d2} = \boldsymbol{e}_{d3} \times \begin{bmatrix} 1 & 0 & 0 \end{bmatrix}^T$;$\boldsymbol{e}_{d1} = \boldsymbol{e}_{d2} \times \boldsymbol{e}_{d3}$。

理想立体校正后的混合立体视觉共同方位具有垂直方向上线性的对极几何关系。如图 4.15 所示,经过立体校正后的两球面模型的重投影透视展开平面,极线与三角测距公式简单。按校正后坐标系相同方向重投影透视展开标准图像平面 π_{ru}、π_{rd},重投影过程中虚拟光轴相互平行,投影矩阵 $\boldsymbol{K}_{new}$ 相同(焦距相同),对应点具有垂直方向的视差关系($x_1 = x_2$,$v_y = y_2 - y_1$)。此时可应用视差和三角定位原理实现三维点的定位计算。

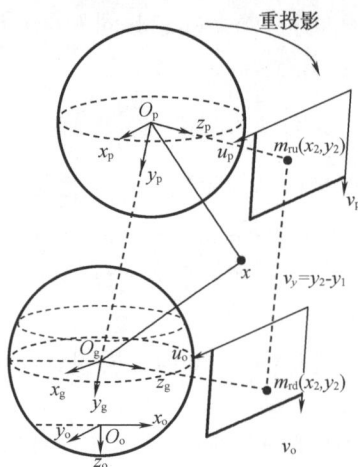

图4.15　立体校正后混合视觉坐标系

4.3.4　混合立体视觉标定及立体校正实验

由于折反射全景相机与透视视觉相机的特殊组合,进行混合视觉中的目标检测与定位前,第一步应实现立体视觉的标定与校正,包括全景相机单目标定实验、常规视觉相机单目标定实验、立体标定与校正。实验使用 OpenCV 提供的标定函数进行标定,每个相机使用20 幅图像,角点提取过程中的精度可达亚像素级,因此使用平面标定板图像进行标定可以提高准确度和精度,使得立体校正后的匹配误差也相应降低。折反射全景相机与透视视觉相机单目标定图片如图 4.16 所示,棋盘格中相邻角点之间的距离为 108.5 mm。透视视觉双目相机求解立体标定参数需要多幅图片对,而基于球面统一模型的本征矩阵求解立体标定只需一对立体图像对即可。

(a)全景相机标定图片　　　　　　　　　(b)透视视觉相机标定图片

图4.16　折反射全景相机与透视视觉相机单目标定图片

为计算方便起见,在固定透视视觉相机与全景相机时,将共同视场方向选至全景相机坐标系的 x 轴方向,即 $\boldsymbol{R}_\theta$ 为单位阵。且通过本征矩阵进行立体标定只需要一对立体图像,如图 4.17 所示。

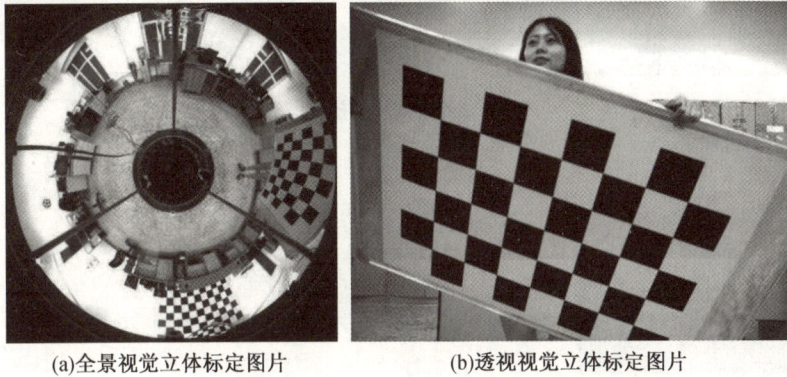

(a)全景视觉立体标定图片　　　　　　(b)透视视觉立体标定图片

图 4.17　全景视觉与透视视觉立体标定图片

经混合立体视觉标定得到的内外标定参数见表 4.1。

表 4.1　混合立体视觉标定参数

参数	全景相机	透视视觉相机
主点位置 $[u_0,v_0]$(px)	$[452.380\ 2,452.683\ 3]$	$[2\ 369.508\ 9,2\ 367.038\ 6]$
等效焦距 $[\gamma_1,\gamma_2]$	$[683.110\ 7,673.436\ 2]$	$[1\ 199.004\ 0,1\ 021.091\ 1]$
球面模型参数 ξ	0.964 6	0
径向畸变 $[k_1,k_2]$	$[-0.063\ 11,0.014\ 93]$	$[-0.094\ 02,-0.018\ 12]$
切向畸变 $[k_3,k_4]$	$[0.005\ 75,-0.002\ 48]$	$[0.002\ 16,0.001\ 15]$
重投影平均误差(px)	0.125	0.137
立体标定结果	$\boldsymbol{R}_\theta=\begin{bmatrix}1&0&0\\0&1&0\\0&0&1\end{bmatrix}$ $\boldsymbol{R}=\begin{bmatrix}0.998&0.017&0.058\\-0.013&0.997&-0.069\\-0.593&0.068&0.995\end{bmatrix}$	$\boldsymbol{T}=\begin{bmatrix}9.48\\127.92\\-10.61\end{bmatrix}$
基线长度/mm	127.92	

根据相机的内部参数和球面参数可得到全景图像与透视视觉图像的球面统一模型,借助 OpenGL 实现三维显示,如图 4.18 所示。

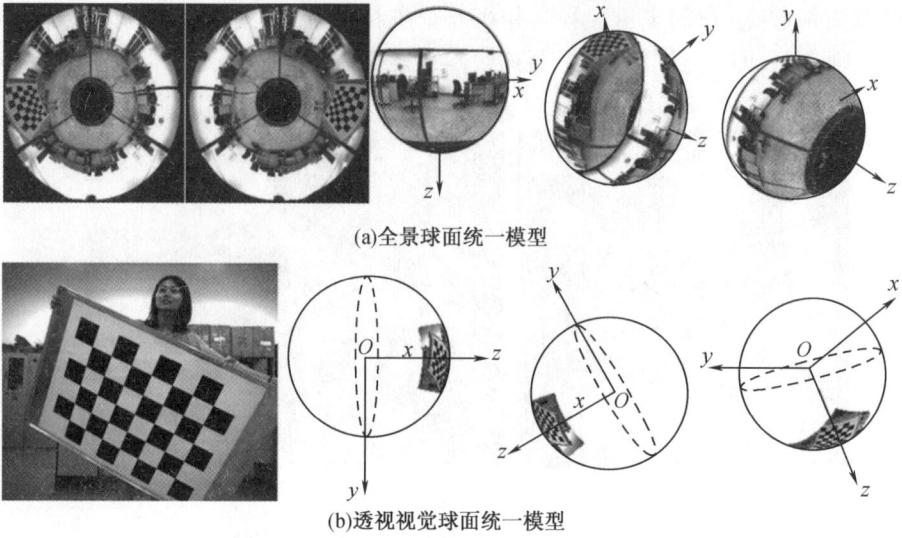

(a)全景球面统一模型

(b)透视视觉球面统一模型

图 4.18　球面统一模型

经过立体校正的混合立体视觉基于球面统一模型局部重投影透视展开得到的标准立体图像对如图 4.19 所示。上面的图像为立体校正后透视视觉重投影透视展开的结果,下面的图像为全景,添加辅助线便于观察校正的准确性,直观上同一点对应在两幅图像中,在竖直方向是对齐的。

图 4.19　混合立体视觉重投影局部透视展开

在重投影透视展开平面上进行亚像素角点检测,以其中的 12 组对应点为例,由表 4.2 校正数据可以看出本混合视觉立体校正方法具有较高的精度。

表 4.2　立体校正精度　　　　　　　　　　单位:px

透视相机		全景相机		横坐标误差	垂直视场
X_p	Y_p	X_o	Y_o	$X_p - X_o$	$Y_p - Y_o$
155.351 50	351.017 15	155.184 66	274.051 54	0.166 84	76.965 61
195.193 33	354.297 73	195.387 06	277.366 58	−0.193 73	76.931 15
288.055 56	383.471 22	287.995 39	320.450 87	0.060 17	63.020 35
323.959 57	363.898 38	324.012 50	285.944 03	−0.052 93	77.954 35
369.110 31	367.445 50	369.009 77	305.386 66	0.100 54	62.058 40
416.529 66	371.705 84	416.126 56	312.772 58	0.203 10	58.933 26
159.452 56	389.533 94	159.568 92	317.840 58	−0.116 36	71.693 36
199.383 74	402.788 21	199.253 86	320.632 20	0.129 88	82.156 01
239.273 60	396.427 70	239.213 70	323.434 75	0.059 90	72.992 95
280.175 40	400.132 54	280.056 49	326.410 58	0.118 91	73.721 96
411.766 15	401.459 38	411.617 07	335.151 40	0.149 08	66.307 98
500.327 32	344.196 47	500.381 71	246.491 29	−0.054 39	97.705 18

如图 4.19 所示,经过校正后得到的标准图像对在竖直方向上对齐,可以使用视差和三角定位原理实现图像点的三维定位,进一步地拍摄多组棋盘格图片,计算得到棋盘格角点的三维空间坐标,并通过 Matlab 进行三维点重建绘制。对于标定板而言,棋盘格角点的三维空间位置是共面的,如图 4.20 所示,三维空间重建点基本共面,表明在本系统中三维定位计算结果具有较高的精度。

4.3.5　混合立体视觉定位实验

为验证本章提出算法的有效性,在实验室环境下进行混合立体视觉定位实验。进行立体视觉定位的前提为定位点在折反射全景视图和透视视图的共同视场中,首先实现目标协同检测。图 4.21 为全景源图像和透视图像。其中图 4.21(a)显示了混合视觉立体校正透视重投影结果,对应点具有相同的横坐标和垂直方向的视差。

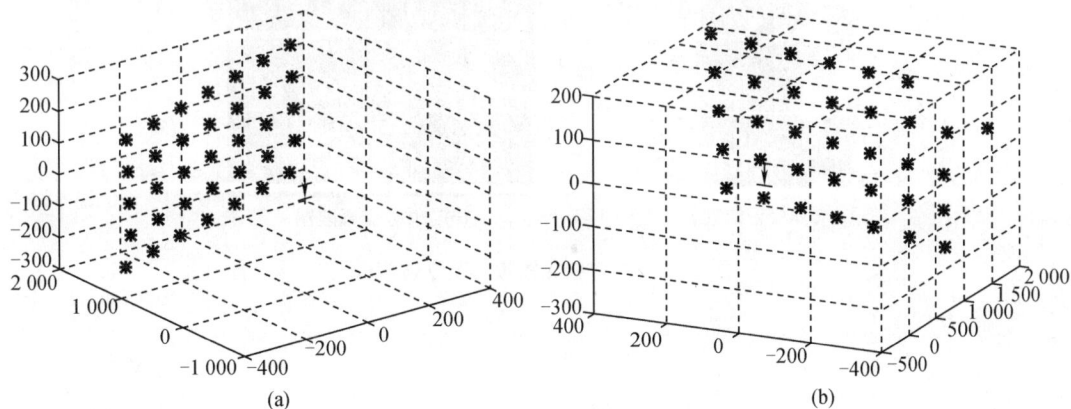

(a)　　　　　　　　　　　　　　　　　　(b)

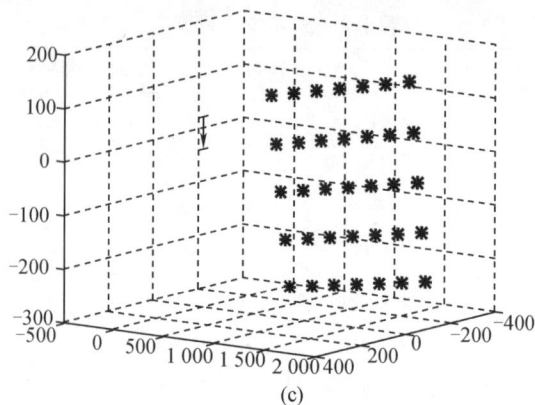

(c)

图 4.20　平面棋盘格三维重建

(a)全景源图像　　　　　　　　　　　(b)透视图像

图 4.21　混合立体视觉图像对

　　由本研究提出的混合立体视觉球面统一模型校正后重投影局部透视展开得到的标准立体图像对如图 4.22(a)所示。图 4.22(b)为立体匹配视差图,越亮的区域表示距离越小。校正后对应点 P_1、P_2 在标准透视图像对上具有垂直方向的视差 $\Delta y = |y_1 - y_2|$,横坐标相同 $x_1 = x_2$,坐标 $P_1(238,247)$,坐标 $P_2(238,233)$,$\Delta y = 24$,$f_{new} = 435$,$B = 1\ 279.2$ mm $= 0.012\ 792$ m。由立体标定结果计算可得混合立体视觉定位点 P_1 在透视相机坐标系下三维位置为$(1.269,1.316,2.319)$,单位为 m,实际测量为$(1.2,1.3,2.2)$。

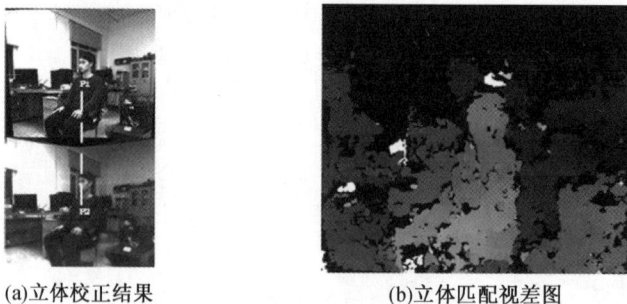

(a)立体校正结果　　　　　　　　　　(b)立体匹配视差图

图 4.22　立体校正重投影及立体匹配

4.4　混合立体视觉系统目标检测与定位实验

本节将介绍混合立体视觉目标检测定位技术应用于移动机器人平台的实际环境实验，采用多线程方式实现了基于移动机器人平台的混合立体视觉系统中的双路图像实时采集、相机在线标定、立体校正和匹配、机器人的无线串口运动控制，最后根据实验结果进行了分析，验证了系统在实际目标检测定位中的有效性。

4.4.1　基于混合立体视觉的移动机器人平台

立足于实际情况，目标可能出现在水平 360°范围内的任意方位，常规透视相机视场狭窄，如要观察目标的详细信息并进行立体视觉定位，需要调整透视相机角度，使用实验室现有的移动机器人（Reinovo）搭载折反射全景相机与透视视觉相机可实现任意方位角旋转，并根据目标三维定位进行定点移动。Reinovo 采用麦克纳姆轮（全向轮），能够在任意方向上平移和旋转，且全向轮制作工艺使得其在保证力学性能的前提下减小了质量。Reinovo 体积较小，使得其在狭小空间也可以灵活运动，同时具有超声波雷达自主避障系统，在运行过程中，能够自主检测障碍物并减速刹车以保证人员和设备安全。

如图 4.23 所示，本系统实验设备由 PC 机、Reinovo、折反射全景相机与高分辨率透视相机（固定搭载在机器人上）、无线控制模块（ZigBee）和 1394b 图像采集卡组成。

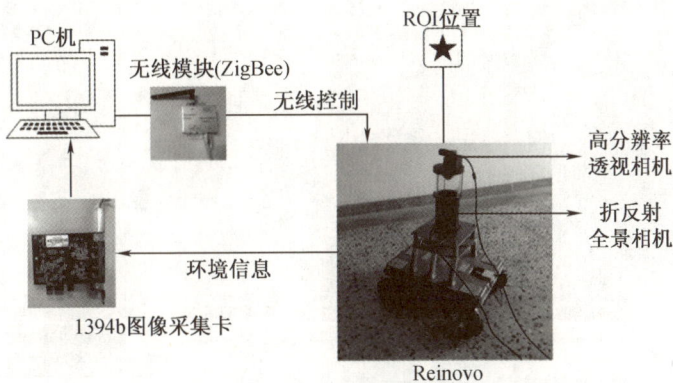

图 4.23　实验设备

4.4.2　实验环境介绍及实验步骤

本书及进行实验的场地为实验室区域，场地宽阔，对机器人的运动基本无干扰影响，且能容纳本书中的目标协同检测与定位实验。

基于混合立体视觉的目标检测与定位实验的具体步骤如下。

步骤一：将垂直布置的折反射全景相机与透视相机固定在机器人水平放置台，为方便起见，将透视相机的方向与机器人的前进方向一致放置。

步骤二：打印好平面棋盘格图像（7×5，相邻角点间距 108.5 mm），借助计算机视觉库 OpenCV 对全景相机与透视视觉相机进行在线标定。

步骤三:根据全景与透视视觉的共同视场实现混合视觉立体标定和校正,基于球面统一模型重投影透视展开得到标准透视图像对。

步骤四:在全景柱面图像采用 YOLOv3 检测算法进行目标检测,计算感兴趣目标方位角,判断方位角度,并调整机器人方向,利用高分辨率透视相机观测目标详细信息,结合 SURF 匹配算法实现混合立体视觉中的目标协同检测。

步骤五:由同一时刻立体图像对,计算得到目标的三维空间位置,转换到机器人坐标系,无线串口命令控制机器人运动。

为使整个系统更具可操作性,本系统设计实现了基于 MFC 框架的混合立体视觉目标检测与定位应用于机器人控制平台的人机交互界面,实验环境软件平台为 Windows 10 操作系统、Visual Studio 2015,结合 OpenCV 3.4.3 库实现软件界面与图像处理算法的设计。在整个系统的实际运行过程中,为实现两相机的实时图像采集与处理,在软件编程设计时采用多线程同步的方式,该方式使得计算机内存资源得到更好的利用。本节以前文理论作为基础技术支撑,对机器人平台中的混合立体视觉目标检测定位及运动控制功能模块进行了设计,并作简单介绍。

MFC 控制界面模块化设计使得机器人平台的混合立体视觉目标检测与定位系统功能更加清晰,操作更为方便。如图 4.24 所示,软件界面主要分为三个模块:图像采集及显示模块、视觉算法处理模块和移动机器人通信模块。

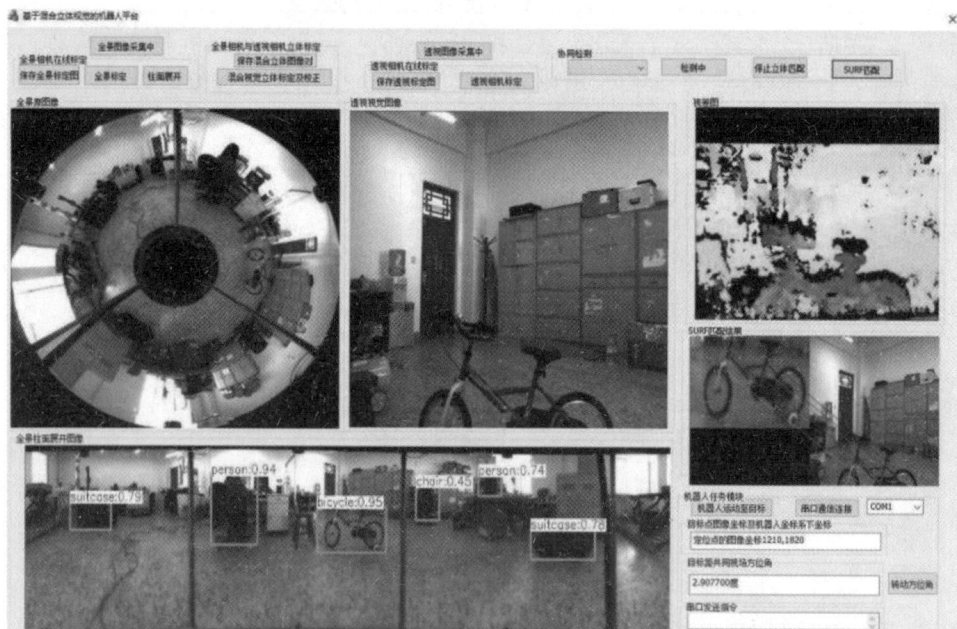

图 4.24　软件界面设计

1. 图像采集及显示模块

本书采用 POINT GREY 加拿大灰点相机,并使用 Fly Capture SDK 对相机的接口函数(API)进行图像采集及硬件参数设置和初始化工作。由于带宽不够,不能同时采集到双路相机(全景视觉相机和透视视觉相机),因此这里使用多线程进行编程实现同步实时采集并通过图片控件关联显示。

2. 视觉算法处理模块

视觉算法处理模块可分为折反射全景相机与常规透视相机在线标定与校正模块、目标协同检测模块和定位模块。

(1)折反射全景相机与常规透视相机在线标定与校正模块

在线标定及校正实验结果对相机的内外参数进行求解,目的是建立混合立体视觉两相机球面统一模型,并求取有效坐标系之间的相对位置关系,实现混合立体视觉标定及校正。

(2)目标协同检测模块

在图像显示界面,结合 YOLO 检测算法与 SURF 特征点匹配实现混合立体视觉目标协同检测,当全景视觉检测到感兴趣目标时(由于全景观测范围较广,可能出现多个检测目标,由用户指定,鼠标选取),计算旋转的 ROI 目标方位角度,控制机器人运动,初始 ROI 检测区域与实时透视图像 SURF 匹配,判断目标是否出现在共同视场,若大于设定阈值,则表明目标实例匹配成功。

(3)定位模块

在目标协同检测的基础上,基于视差原理与定位算法,实现目标点从二维图像平面到三维空间位置定位,并转换到机器人坐标系下。

3. 移动机器人通信模块

实现 PC 端与机器人连接,根据目标位置信息,通过无线串口控制发送指令,以设定的速度控制机器人运动,包括机器人自转运动及相对位置模式移动至目标位置。

4.4.3　目标检测与定位实验及分析

1. 目标检测结果分析

在折反射全景相机与透视相机组成的混合立体视觉目标检测及定位多任务环境下,考虑计算时间和准确度,配备图形处理单元 GPU,采用 YOLOv3 检测算法用于柱面全景检测。由于全景的观测范围较广,可能会出现多个检测目标,当柱面全景图像中出现多个检测框时,在交互界面中用户可通过鼠标选择定位其中某个目标,机器人转动方位角,特征点匹配判断目标是否出现在共同视场区域。图 4.25 为三种情况下的 YOLOv3 目标检测结果。柱面全景目标检测结果中,矩形框表示柱面展开图像中的目标检测结果(包括目标所属类别,与所属类别的可信度),若用户选取的初始 ROI 目标不在共同视场区域内,则控制机器人转动方位角,结合 SURF 算法,判断目标是否出现在透视视觉与全景视觉的视场区域,这是目标三维定位的必要条件。

(a)小目标检测结果

(b)多目标检测结果

(c)目标重叠检测结果

图 4.25　柱面全景图像目标检测实验

　　实际场景中小目标检测结果如图 4.26(a)所示，YOLOv3 算法在目标较小的情况下仍能检测成功。图 4.26(b)(c)分别为多目标检测和目标重叠的检测效果。多目标检测时出现个别漏检，目标重叠时仍能检测出两个目标。多组实验结果表明，在分辨率较低的柱面全景图像中，YOLOv3 算法检测效果较好，在目标较小、多个目标及目标重叠的多种实验情况下，检测成功率较高，且在 GPU 环境下可达到 FPS 处理速度，完全满足实时性能要求。目标协同检测实验如图 4.27 所示(初始选取目标不在混合立体视觉共同视场)，经计算目标距共同视场 63.1°，机器人转动方位角，结合 SURF 匹配，实现了目标在混合立体视觉中的协同检测。

(a)柱面全景检测结果

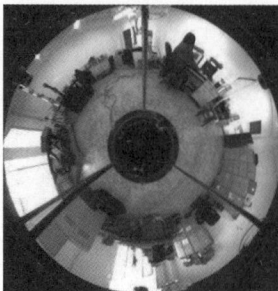  

(b)全景图　　　　　　　　(c)透视图　　　　　　　　(d)ROI目标

图 4.26　初始检测

(a)柱面检测结果

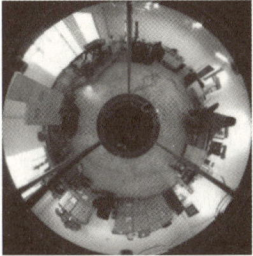

(b)全景图　　　　　　　(c)透视图　　　　　　　　(d)SURF匹配结果

图4.27　混合立体视觉协同检测结果(机器人转动方位角后)

2.目标定位结果分析

在混合立体视觉目标定位时,通过选用两相机拍摄最小时间间隔,立体校正后经重投影透视展开混合视觉标准立体图像对,实现目标的三维定位,尽量降低图像不同步带来的定位误差。由于全景源图像与透视视觉源图像之间不能直接进行视差计算,因此根据4.4.3中提出的混合立体视觉校正方法,在共同视场方向重投影透视展开,得到校正后的标准立体图像对,利用立体匹配算法求得视差图,根据视差原理获取目标的实际位置。

如图4.28和图4.29所示,在混合立体视觉共同视场中,经过立体校正后的静态场景中获取的深度信息,其中视差图伪彩色中不同颜色代表的深度信息不同,灰度图转伪彩色图,主要是使灰度图中亮度越高的像素点,在伪彩色图中对应的点越趋向于红色,表示距离越近;亮度越低,则对应的伪彩色越趋向于蓝色,即表示距离越大;总体上按照灰度值高低,由红色渐变至蓝色,中间色为绿色。获取到深度 z 后,通过三角公式计算即可得到三维信息。在简单的背景下,全景立体校正后的标准图像分辨率低,自行车的纹理信息比较丰富,通过标准立体图像对得到的视差图效果较好,从图4.28中的视差图可以得到清晰的轮廓信息;然而在图4.29所示的复杂背景中,这些柜子表面光滑,且都比较相近,因此无法通过计算得到视差,导致出现一段不连续区域。

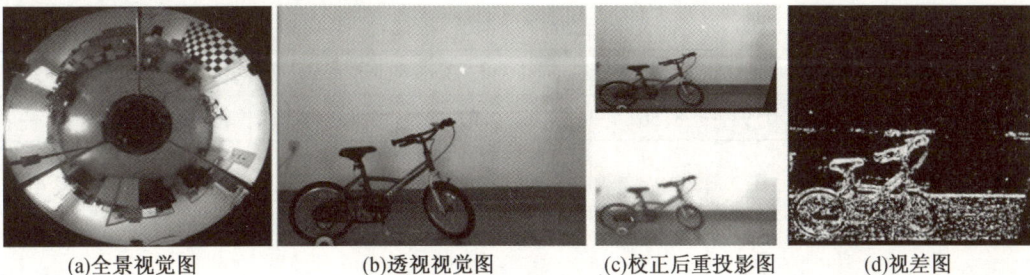

(a)全景视觉图　　　　(b)透视视觉图　　　　(c)校正后重投影图　　　　(d)视差图

图4.28　简单背景下的视差图

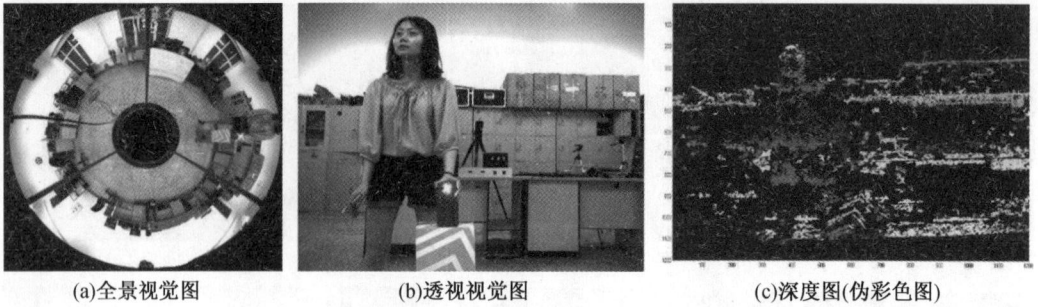

(a)全景视觉图   (b)透视视觉图   (c)深度图(伪彩色图)

图 4.29   复杂背景下的视差图

在视差求取过程中,立体标定与校正的精度影响视差图的求取,当标定误差较大时,无法得到理想的视差图像,更无法得到准确的三维信息,经过准确的单目标定与混合立体标定,由全景和透视相机组成的立体视觉能够获取目标准确位置。图 4.30 为定位测量实验过程图。

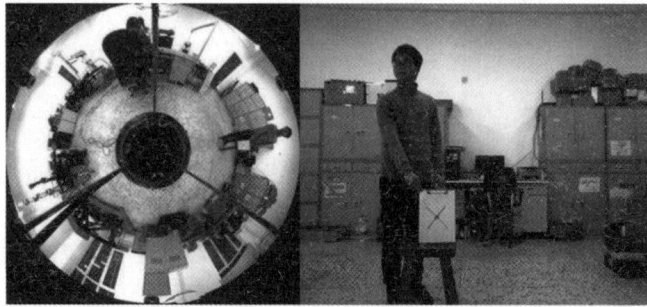

图 4.30   混合立体视觉定位测量实验过程图

全景与透视相机的共同视场的定位误差反映在表 4.3 和图 4.31 中。当目标距离较远时,定位误差较大,原因在于全景中的分辨率不均匀,且物体距离越远,在全景中的成像越靠近边缘,边缘处的畸变相比较大,得到的定位误差也增大。

表 4.3   定位误差   单位:cm

实际距离	60	70	80	90	100	110	120	130	140	150
测量距离	62.47	73.22	76.45	85.98	104.59	104.51	114.98	124.53	146.24	156.05
测量误差	2.47	3.22	3.55	4.02	4.59	4.51	5.02	5.47	6.24	6.05
实际距离	160	180	200	220	240	260	280	300	320	—
测量距离	166.83	172.09	208.56	229.54	230.03	248.68	294.61	283.08	301.85	—
测量误差	6.83	7.91	8.56	9.54	9.97	11.32	14.61	16.92	18.15	—

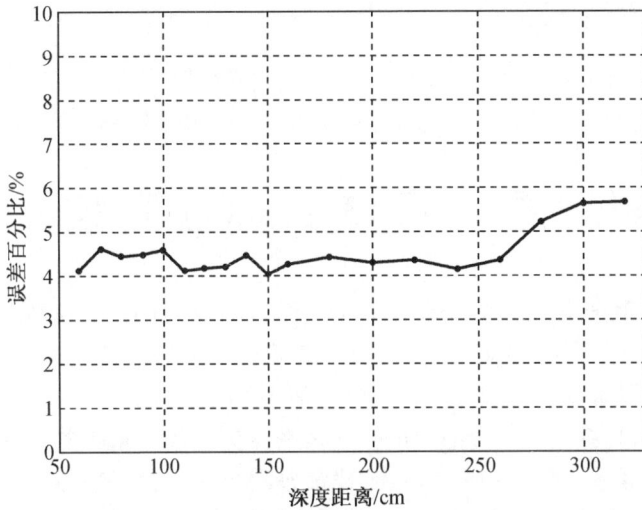

图4.31　定位误差

3. 提高定位精度的措施

在三角测量原理中,基线越长,目标定位计算的测量误差越小,然而随着基线距离的增大,可观测到的共同视场区域减小,因此在固定全景相机与透视相机时需在共同视场与测量精度之间进行权衡。立体校正完后,重投影透视展开的图像分辨率设置越大,图像的数据量越大,会极大降低处理速度,尤其是在立体匹配计算视差图过程中,因此在实际应用混合立体视觉定位时,需要选择合适的重投影图像分辨率。

4.5　本章小结

首先,本章详细叙述了全景图像和透视相机的几何基础知识,包括对极几何关系、共同视场寻找。同时,深入研究了折反射全景相机与透视相机组成的混合立体视觉下的定位算法,通过球面统一模型与本征矩阵求解得到混合立体视觉的位置关系,通过校正和重投影获得标准立体图像对,由视差原理和三角定位公式得到空间点的三维位置。基于以移动机器人为平台结合混合立体视觉系统,进行了软件界面设计与图像处理算法实现,采用多线程方式,实时采集并显示全景与透视相机的双路图像,实现了混合立体视觉目标协同检测与定位,并通过实验验证了算法在实际系统中的可行性与有效性。

第5章 海域目标检测技术

本章针对折反射全景视觉系统采集的全景海域图像,研究、探讨海上远景小目标检测技术。我国海域是太平洋的多雾区之一,由于海面上方吸湿性粒子浓度较高,因此海面场景比陆地更容易受到雾天天气的影响,从而对海上民事活动和军事活动等造成不便。因此,研究海域图像去雾算法是十分必要的。安装在浮标上的全景视觉系统采集的全景海域图像一般分为三个区域:天空区域、海面区域及海面与天空交界区域——海天线区域。为尽早发现舰船目标以保证监控系统有足够的反应时间,要求在尽可能远的距离就能检测到目标。由远及近行驶的舰船等目标一定首先出现在海天线上,因此只需检测海天线区域是否有目标存在,便可完成探测任务。检测海天线,将海天线区域分割出来,不仅能够减小目标的搜索范围,抑制海天线区域外不必要的干扰,而且能够大大缩减计算量,提升运算速度。因此本章重点研究基于海天线检测的海域目标检测技术。

5.1 海雾图像清晰化技术

在海域监控领域,海雾是近海常见的天气现象,有雾天气下采集到的图像存在对比度降低、颜色失真、模糊退化等现象,海雾天气下的海上全景图像如图 5.1(a)所示,无雾天气下的海上全景图像如图 5.1(b)所示。全景图像中的弱小目标本身就缺乏常规图像的结构、纹理、颜色等信息,而在海雾情况下全景海域图像中的小目标检测将变得更加困难,因此对采集到的全景海域图像进行去雾处理对提高小目标检测的准确性起着重要的作用。

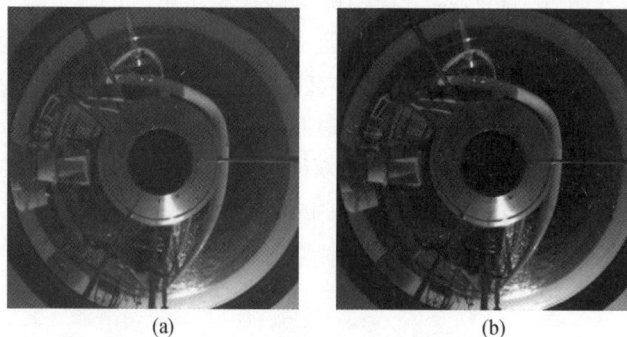

(a)   (b)

图 5.1 有雾图像与无雾图像
(a)有雾图像;(b)无雾图像

现有的图像去雾算法主要分为基于非模型的去雾算法和基于模型的去雾算法,其中基于模型的去雾算法相比基于非模型的去雾算法更能从本质上实现图像的去雾复原,是目前广为应用的方法。本节将以国际上广泛采用的雾天成像模型——二色大气散射模型为基础,开展基于暗通道先验的去雾算法研究,实现对全景海雾图像的有效复原。

5.1.1　雾天图像成像原理

大气散射理论是在 1975 年由 McCartney 提出的。这一理论指出,大气中的粒子主要有空气分子、水汽和气溶胶三种成分,正是由于这些粒子的存在,成像设备采集到的图像质量下降。天气状况不同,空气中的粒子的成分也有差别,在晴朗无雾的天气下,空气中主要包含空气分子,由于空气分子非常微小,其对图像采集的影响可以忽略不计。而在阴雨或者有雾的天气下,空气中悬浮着大量的水滴和气溶胶,这些粒子有较大的半径和密度,导致在这种天气下采集到的图像的亮度和对比度明显下降。

为了精确描述大气中颗粒的散射作用对图像采集的影响,Narasimhan 与 Nayar 提出了二色大气散射模型。实际上,散射作用是非常复杂的,它依赖于空气中颗粒物的类型、方位、尺寸和分布,也依赖于入射光的偏振状态、波长和入射方向。当只对短距离的区域图像感兴趣时,可以假定天气状况(如颗粒物的类型和密度等)空间上是相同的,这样大气散射原理得到简化,在模型中,仅包含两部分:场景反射光的直接衰减项(attenuation)和空气光项(airlight)。

图 5.2 显示了大气散射模型的原理。进入相机的光由两部分组成:一部分为场景反射光,这部分光在传输过程中因为空气中粒子的散射作用而衰减,衰减后剩余的场景反射光进入了成像设备;另一部分为空气光,这一部分光是大气光在空气中粒子的散射作用下进入成像设备的部分。

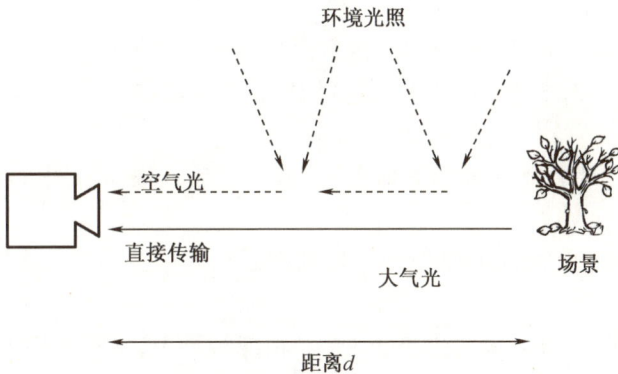

图 5.2　大气散射模型

如图 5.2 所示,实线表示的是场景反射光的传输路径,由于空气的散射作用,只有未被散射的部分被成像设备接收,被成像设备接收的光强 $E_{dt}(d,\lambda)$ 可以用下面的衰减模型表示:

$$E_{dt}(d,\lambda) = \frac{E_\infty(\lambda)r(\lambda)e^{-\beta(\lambda)d}}{d^2} \tag{5-1}$$

式中,d 为场景点与成像设备间的距离;λ 为波长;$E_\infty(\lambda)$ 表示无穷远处的光强;$\beta(\lambda)$ 为大气的散射系数,表示单位体积的大气在任意方向散射光的能力;$\beta(\lambda)d$ 称为场景点的景深;$r(\lambda)$ 反映了场景点的反射属性。

在图 5.2 中假定有浓雾或者云层遮挡,天空的辐射整体上比较平滑连续。

图 5.2 中虚线所示的部分为空气光参与成像的过程,被反射的大气光在指向成像设备

的光路上汇拢,这个过程可以用下面的空气光模型表示:

$$E_{a}(d,\lambda) = E_{\infty}(\lambda)\left[1 - e^{-\beta(\lambda)d}\right] \tag{5-2}$$

式中,E_{a} 称为空气光,是最终进入成像设备的全局大气光,此模型定量地描述了空气通过反射全局大气光到成像设备而被视为光源的原理。

最终成像设备接收到的光照强度是直接衰减光与空气光的加和,由下式给出:

$$E(d,\lambda) = E_{dt}(d,\lambda) + E_{a}(d,\lambda) \tag{5-3}$$

式(5-3)即为二色大气散射模型,假定大气介质均匀分布,只考虑单散射情况,且介质中的微粒散射系数与光的波长无关,可以将式(5-3)化为如下形式:

$$E = I_{\infty}\rho e^{-\beta d} + I_{\infty}\left(1 - e^{-\beta d}\right) \tag{5-4}$$

式中,$I_{\infty} = E_{\infty}$,ρ 为场景反射率的归一化值。上述模型常用来描述恶劣天气下的图像降质过程,是雾天图像去雾恢复的基础。

5.1.2　基于暗通道先验的去雾算法

国内外学者基于二色大气散射模型提出了多种去雾算法,其中基于暗通道先验的去雾算法不需要深度先验信息,可以基于单幅图像进行去雾处理,还有计算复杂度与核尺寸无关的高效算法,能够满足海洋监控领域实时性的要求。

1. 暗通道图

对于任意一幅图 J,其暗通道图 J^{dark} 的数学定义如下:

$$J^{\mathrm{dark}}(x) = \min_{y \in \Omega(x)}\left[\min_{c \in \{r,g,b\}} J^{c}(y)\right] \tag{5-5}$$

式中,J^{c} 是 J 的一个颜色通道;$\Omega(x)$ 为以像素点 x 为中心的窗口区域,其含义是,暗通道图中,x 位置处的值等于原图中以 x 为中心的区域中各通道值的最小值。因此,求暗通道图的步骤可以概括如下:

(1)求每个像素各自 RGB 分量的最小值,从而生成一幅与原图大小相同的单通道灰度图;

(2)对此灰度图进行最小值滤波,滤波后的像素点灰度值为其灰度图中局部区域各像素灰度值的最小值。

计算暗通道图时,计算量最大的部分在最小值滤波环节,这里采用 Van Herk M 提出的最小值滤波算法,该算法计算复杂度低,能够大幅度提升运算效率。图 5.3 给出了按照上述步骤计算暗通道图像的结果。

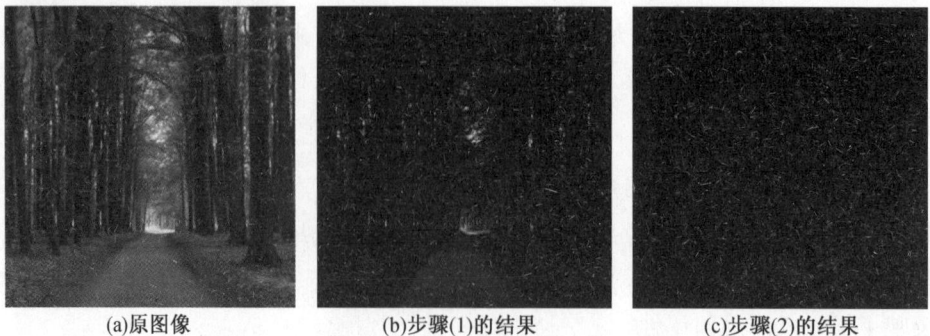

(a)原图像　　　　　　　　(b)步骤(1)的结果　　　　　　　(c)步骤(2)的结果

图 5.3　暗通道图像

2. 暗通道先验理论

经过对大量室外自然无雾图像的统计分析,在大部分非天空的邻域中,至少有一个通道中存在一个像素点的亮度值接近于零,可以用如下的数学描述:

$$J^{dark} \to 0 \tag{5-6}$$

这一发现被称为暗通道先验理论。

暗通道的低亮度信息主要来源于三个方面:(1)阴影,例如树叶、房子、车子、楼房的窗户、石头等的阴影;(2)鲜艳的物体或表面,即在任意颜色通道上有低反射率的物体,如绿色的植物,红色或黄色的叶子、花,蓝色的水面等,这些都能在暗通道图的计算中得到低像素值;(3)黑色的物体或者表面,例如黑色的树枝或者石头等。文献[8]中通过随机选取 5 000幅白天无雾图像计算其暗通道图,验证了暗通道先验理论的适用性。图 5.4 是部分场景的暗通道图像实例,其中图(a)分别为村庄、森林、城市街道的无雾图像,图(b)分别为图(a)对应的暗通道图,由得到的暗通道图可知,整幅图像的亮度都很低,符合暗通道先验理论。

(a)不同场景无雾图像

(b)暗通道图

图 5.4　暗通道图像实例

3. 基于暗通道先验的去雾算法

基于暗通道先验的去雾算法忽略了光波长对散射系数的影响,利用二色大气散射模型作为雾天成像模型。令 $I(x) = E, J(x) = I_\infty \rho, A = I_\infty, t(x) = e^{-\beta d}$,则式(5-4)被简化为

$$I(x) = J(x)t(x) + A[1 - t(x)] \tag{5-7}$$

式中,I 为成像设备采集到的图像;J 为无雾清晰图像;A 为全局大气光;t 为透射率。式(5-7)右边第一部分为直接衰减光项,第二部分为空气光项,两者的加和为最终成像设备采集到的场景点的亮度。

由式(5-7)可知,要想得到无雾图像 J,除了得到观测值 I 外,还要计算 t 和 A 的值。基于暗通道先验的去雾算法的基本流程如图 5.5 所示,下面分别介绍其中的主要环节。

待去雾图像 → 计算暗通道图 → 计算全局大气光 → 估计投射率图 → 计算去雾图像

图5.5　去雾算法的基本流程

（1）计算暗通道图 J^{dark}

利用式(5-3)，求观测图像 $J(x)$ 的暗通道图。

（2）计算全局大气光 A

对于无雾图像，不考虑太阳光的影响时，其成像原理由下式表示：

$$J(x) = R(x)A \qquad (5-8)$$

式中，J 为无雾图像；A 为大气光；R 为反射系数且 $R \leqslant 1$，即物体是靠反射大气光来成像的。将式(5-8)代入式(5-7)得到

$$I(x) = R(x)At(x) + [1 - t(x)]A \qquad (5-9)$$

将式(5-9)变形可得

$$I(x) = A\{1 + [R(x) - 1]t(x)\} \leqslant A$$

则图像中最亮区域的亮度值最接近于 A。由此得出求大气光 A 的方法：先找到暗通道图像中亮度最高的点，然后计算此点对应在原彩色图像中的三通道的最大值，此最大值即为 A。在 $t(x) \approx 0$ 时，亮度接近于 A，通过进一步分析可以知道，透射率接近于零的区域即是图像的最不透明区域，也即像素实际位置距离镜头最远的区域。另外，文献[8]通过实验验证表明，在考虑太阳光的影响时，仍然可以用上述方法计算大气光值。

（3）估计透射率图 t

对式(5-9)，两边同时除以全局大气光，得到

$$\frac{I^c(x)}{A^c} = t(x)\frac{J^c(x)}{A^c} + 1 - t(x) \qquad (5-10)$$

式中，$c \in \{r, g, b\}$。假定在局部区域内透射率 t 为常量，对式(5-10)的两边取两次最小值，得到

$$\min_{y \in \Omega(x)}\left[\min_c \frac{I^c(y)}{A^c}\right] = \tilde{t}(x)\min_{y \in \Omega(x)}\left[\min_c \frac{J^c(y)}{A^c}\right] + 1 - \tilde{t}(x) \qquad (5-11)$$

式中，$\Omega(x)$ 为以像素点 x 为中心的窗口区域；$\tilde{t}(x)$ 为窗口 $\Omega(x)$ 中的透射率常量。

根据暗通道先验理论，有下式成立：

$$J^{\text{dark}}(x) = \min_{y \in \Omega(x)}\left[\min_c J^c(y)\right] = 0 \qquad (5-12)$$

由此得到

$$\min_{y \in \Omega(x)}\left[\min_c \frac{J^c(y)}{A^c}\right] = 0 \qquad (5-13)$$

将式(5-13)代入式(5-11)中得到

$$\tilde{t}(x) = 1 - \min_{y \in \Omega(x)}\left[\min_c \frac{I^c(y)}{A^c}\right] \qquad (5-14)$$

式(5-14)的右边第二项实际上是暗通道图像的归一化形式，通过上面的推导，最后只需利用式(5-14)估计透射率图。在实际图像中，由于空气中总会有微粒存在，因此总会有雾的影响，正是因为雾的存在使人感受到深度信息，如果在图像处理中将雾全部去除，反而显得图像不真实。在实际图像处理过程中，常常利用式(5-15)代替式(5-14)计算透

射率：

$$\tilde{t}(x) = 1 - \omega \min_{y \in \Omega(x)} \left[\min_c \frac{I^c(y)}{A^c} \right] \qquad (5-15)$$

式中，ω 为去雾因子，取值范围为 $0 \sim 1$。

（4）图像去雾恢复图 J

将式（5-10）变形后稍作改动得到

$$J(x) = \frac{I(x) - A}{\max[t(x), t_0]} + A \qquad (5-16)$$

式中，t_0 为人为设定的固定参数。因为一般 $I(x) < A$，得到的恢复图像亮度通常较暗，所以限制 t 的最小值可以适当地提高图像的亮度。另外，通过实验发现，对 t 的值不做限制时，图像中天空等区域去雾恢复后会产生颜色失真现象，如图 5.6 所示，限制 t 的最小值可以明显改善天空等区域的去雾效果。

(a)原图像　　　　(b)$t_0=0$　　　　(c)$t_0=0.3$　　　　(d)$t_0=0.5$

图 5.6　参数 t_0 的作用

图 5.7 显示了用以上方法得到的实验结果，其中图（a）为原始有雾图像，图（b）为透射率图，图（c）为利用图（b）作为透射率图得到的去雾图像。通过原图像与去雾图像的对比可知，去雾恢复后的图像在颜色、对比度、清晰度方面有很大的提升，不足之处在于去雾结果存在一定的块效应，且物体边缘有光晕，影响了整体的恢复效果。产生光晕的原因在于计算暗通道图像时进行的是窗口最小值滤波，在暗通道图中物体的边缘向外延伸，透射率图是在暗通道图的基础上计算得到的，此时物体边缘处的背景透射率与物体相同，使得最后去雾处理时，物体边缘处的背景与物体做了相同的去雾处理。产生块效应的原因在于，计算得到的透射率图在局部窗口内是相同的，在不同窗口间有差别。当差别很大时，窗口交界处的像素去雾恢复后亮度差距很大，形成了本不存在的窗口边缘。

综合上述分析，产生块效应和光晕的原因在于，在原图像的物体边缘处，透射率图的对应位置没有边缘，因此产生了光晕现象；在原图像没有边缘的区域，透射率图出现了窗口边缘，因此产生了块效应。因此，有必要在去雾过程中对透射率图进行滤波处理，还原应当有的边缘，消除不该存在的边缘，以消除去雾图像中的块效应和光晕现象。

(a)不同场景有雾图像

(b)透射率图

(c)去雾图像

图5.7　去雾结果

(a)不同场景有雾图像;(b)透射率图;(c)去雾图像

5.1.3　引导滤波算法

为了解决去雾图像中存在的光晕和块效应问题,本节采用了引导滤波算法。

1. 引导滤波算法原理

引导滤波算法是一个基于局部线性模型的滤波操作,具有边缘保持特性,另外其拥有一个快速的、计算复杂度与核大小无关的计算方法,保证了处理的实时性。引导滤波算法的基本原理是通过一幅引导图像对输入图像进行滤波处理,输出图像在保留输入图像整体特征的同时还能充分获得引导图像的边缘特征。在去雾应用中,引导滤波算法的引导图像一般为采集到的原彩色图像或者灰度图像。引导滤波算法的基本原理如下:

首先建立一个线性核参数可变的滤波过程,滤波输出为一加权平均值,表示如下:

$$q_i = \sum_j W_{ij}(I)p_j \tag{5-17}$$

式中,i 和 j 为像素的下标;I 为引导图像;p 为输入图像,滤波核 W_{ij} 为引导图像的函数,与输入图像 p 无关。因此,引导滤波的关键就是计算滤波核。

假定在一个窗口内 q 和 I 呈如下线性关系:

$$q_i = a_k I_i + b_k, \forall i \in w_k \tag{5-18}$$

式中,w_k 是以像素 k 为中心的窗口;a_k、b_k 为线性系数,在窗口 w_k 内假定为常量。在这个模型中,$\Delta q = a\Delta I$,保证了只有在引导图像有边缘时,输出图像才会有边缘。为了确定线性系数的值,设计如下函数,用以最小化输出图像与输入图像之间的差异:

$$E(a_k,b_k) = \sum_{i \in w_k} [(a_k I_i + b_k - p_i)^2 + \varepsilon a_k^2] \tag{5-19}$$

式中,参数 ε 是为了防止 a_k 变得太大。通过计算此函数的最小值,得到线性系数 a_k、b_k 的表达式如下:

$$a_k = \frac{\frac{1}{|w|} \sum_{i \in w_k} I_i p_i - \mu_k \bar{p}_k}{\sigma_k^2 + \varepsilon} \qquad (5-20)$$

$$b_k = \bar{p}_k - a_k \mu_k \qquad (5-21)$$

这里,μ_k 和 σ_k^2 是引导图像 I 在窗口 w_k 内的均值和方差;$|w|$ 为窗口 w_k 内像素的数目,且 $\bar{p}_k = \frac{1}{|w|} \sum_{i \in w_k} p_i$ 为窗口 w_k 内 p 的均值。

由于像素 i 会包含在多个窗口中,因此会得到多个值,取所有值的平均值输出,用下式表示:

$$q_i = \frac{1}{|w|} \sum_{k:i \in w_k} (a_k I_i + b_k) = \bar{a}_k I_i + \bar{b}_k \qquad (5-22)$$

式中

$$\bar{a}_i = \frac{1}{|w|} \sum_{k \in w_i} a_k$$

$$\bar{b}_i = \frac{1}{|w|} \sum_{k \in w_i} b_k$$

利用式(5-20)~式(5-22),并结合式(5-17)可得

$$W_{ij}(I) = \frac{1}{|w|^2} \sum_{k:(i,j) \in w_k} \left[1 + \frac{(I_i - \mu_k)(I_j - \mu_k)}{\sigma_k^2 + \varepsilon} \right] \qquad (5-23)$$

通过前面的推导可知,由于式(5-18)中的线性系数是基于输入图像与输出图像的差异最小化计算得到的,因此输出图像保留了输入图像的总体特征,又由于式(5-18)为一线性模型,输出图像能充分吸取引导图像的边缘细节信息。

另外,有两种计算方法进行引导滤波:一种方法为利用式(5-20)~式(5-22)计算;另一种方法为利用式(5-17)与(5-23)计算。其中,利用前者时可以结合 Crow F C 提出的区域快速求和算法,此算法运算速度与窗口尺寸无关,计算效率较高。

2. 引导滤波算法实验结果

图 5.8 显示了包含引导滤波环节的图像去雾处理过程,图 5.8(a)为不同场景下的有雾图像,与图 5.7(a)相同。图 5.8(b)是对透射率图 5.7(b)进行引导滤波的结果,其中使用图 5.8(a)的灰度图作为引导图。由滤波结果可知,经过引导滤波后的透射率图边缘在得到平滑的同时,边缘的细节得以保留。利用引导滤波后的透射率图 5.8(b)计算得到去雾恢复图像如图 5.8(c)所示,通过图 5.7(c)和图 5.8(c)的对比可知,包含引导滤波的去雾算法得到的去雾图像消除了块效应和物体表面的光晕,取得了良好的去雾效果。

(a)不同场景有雾图像

(b)引导滤波后的透射率图

(c)去雾图像

图 5.8　引入引导滤波后的去雾结果

5.1.4　基于暗通道先验理论的全景海雾图像清晰化处理

1. 暗通道先验理论对全景海雾图像的适用性分析

基于暗通道先验的去雾算法使用的前提条件是场景在无雾条件下满足暗通道先验理论,即式(5-4)。因此,如果在全景海雾图像中应用该去雾算法,需要验证在无雾条件下的海域全景图像是否满足暗通道先验理论。

图 5.9(a)为无雾海上全景图像,图 5.9(b)为对应于图 5.9(a)的暗通道图,图 5.10 显示了图 5.9(b)的像素灰度值分布统计结果。由统计结果可知,无雾海上全景图像的暗通道图中,像素灰度绝大多数都为很小的值,符合暗通道先验的理论。因此,基于暗通道先验的去雾算法可应用于全景海雾图像的去雾处理。

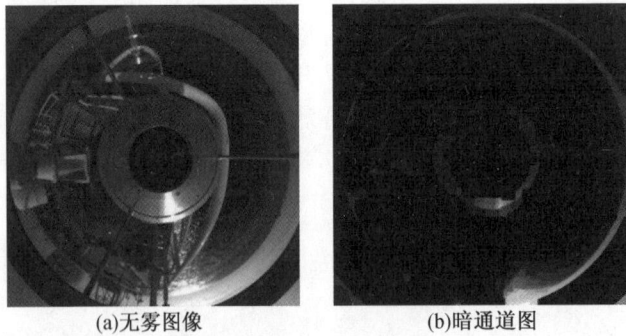

(a)无雾图像　　　　　　　　　(b)暗通道图

图 5.9　无雾全景图像及其暗通道图

2. 雾天的判断标准

由于海上并不是一直有雾,而去雾算法需要耗费一定的计算资源,在晴朗无雾的天气下运行去雾算法作用很小,而且浪费计算资源,因此有必要制定雾天判断标准,只有在有雾的天气下才进行去雾处理。

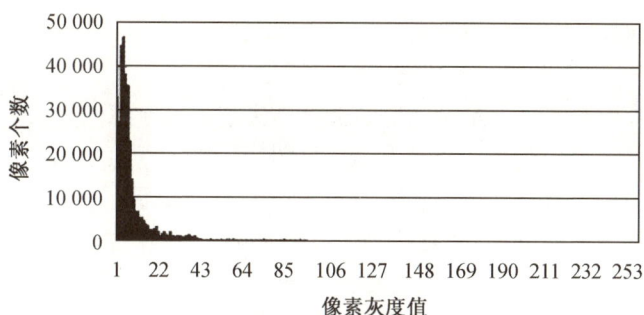

图 5.10　无雾图像暗通道图像素灰度值分布

由暗通道先验理论可知,对于无雾图像,任意局部区域的暗通道值等于或者接近于零,因此无雾图像的暗通道图像素均值会很小,而有雾图像的暗通道图像素灰度均值相对较高。为了证明上述结论的正确性,本书统计了全景海雾图像的暗通道图的像素分布情况。图 5.11 为全景海雾图像及其暗通道图,图 5.12 显示了图 5.11(b)的像素灰度值分布统计情况。通过图 5.10 和图 5.12 的对比可以发现,无雾图像的暗通道图的像素灰度值相比有雾图像分布在更小的灰度范围内,因此无雾图像的暗通道图的像素灰度均值明显小于有雾图像,基于这一原理,本书提出了海上全景图像的雾天判断标准,判断步骤如下:

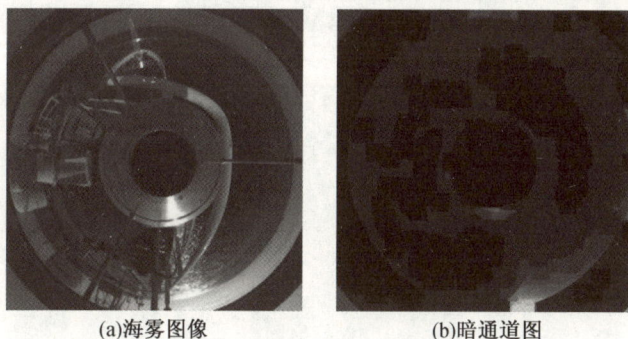

(a)海雾图像　　　　　　　　　(b)暗通道图

图 5.11　海雾图像及其暗通道图

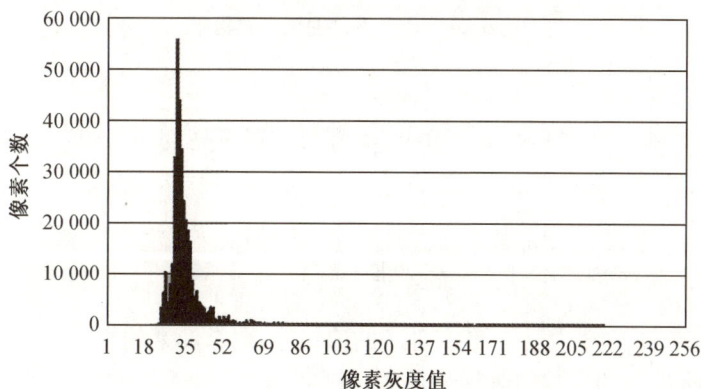

图 5.12　海雾图像暗通道图像素灰度值分布

(1)按照 4.1.2 小节介绍的步骤计算原图像的暗通道图;

(2)计算暗通道图的平均灰度值,如果此值大于给定阈值 M,则有必要进行去雾处理,否则不进行去雾处理。

3. 基于暗通道先验理论的全景海雾图像清晰化

图 5.13 是应用基于暗通道先验理论的去雾算法结合引导滤波算法的实验结果,其中图(a)为全景成像设备采集到的海上全景图像(原图像),图(b)为暗通道图,图(c)为利用暗通道图得到的透射率图,图(d)为对透射率图(c)进行引导滤波后的透射率图。在滤波过程中用图(a)的灰度图作为引导图,对比图(c)和图(d)可知,经过引导滤波后的透射率图边缘得到了平滑,而且保留了图(a)的边缘特性。图(e)为不包含引导滤波的去雾恢复图像,虽然对比度和清晰度得到提升,但可以看到块效应的存在(图(e)右侧中部)。图(f)图像为包含引导滤波的去雾恢复结果。对比图(e)和图(f)可知,利用引导滤波后的透射率图得到的去雾恢复图像消除了块效应,取得了更好的去雾效果。

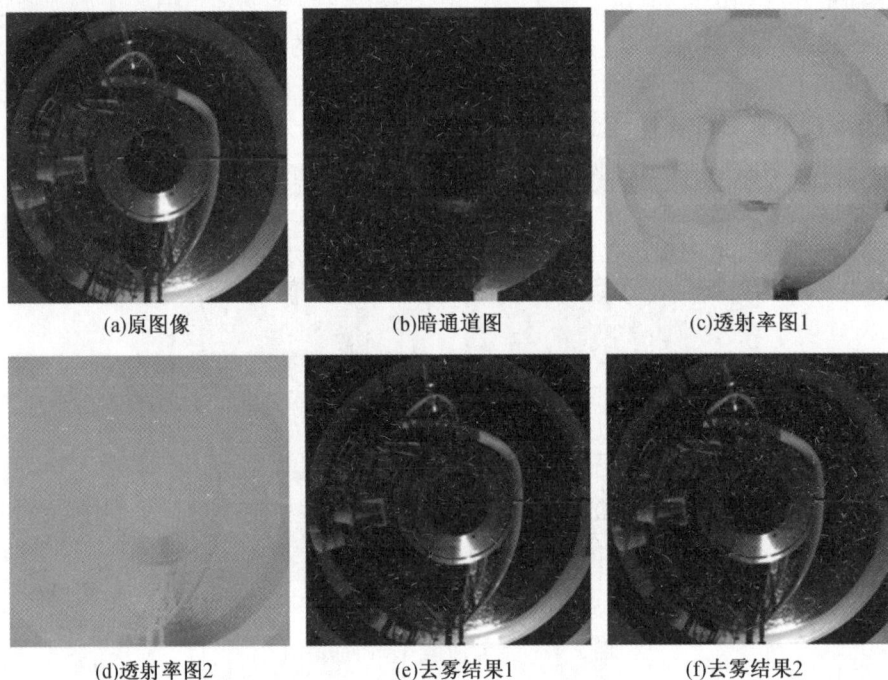

(a)原图像　　　　　(b)暗通道图　　　　　(c)透射率图1

(d)透射率图2　　　　　(e)去雾结果1　　　　　(f)去雾结果2

图 5.13　全景海雾图像去雾结果

4. 全景海雾图像清晰化效果的客观评价

为了更加客观地评价去雾算法的效果,本节引入图像亮度、对比度、清晰度等作为评价指标。

(1)用图像的均值来衡量图像的亮度:

$$L = \frac{1}{N} \sum_{i \in (0, N-1)} p_i \tag{5-24}$$

式中,L 为图像亮度;p_i 为去雾后图像像素 i 的值;N 为图像像素的个数。

(2)用局部标准差的平均值来衡量局部对比度:

$$\sigma_x = \sqrt{\frac{1}{|w|-1} \sum_{i \in \Omega(x)} (p_i - u_x)^2} \tag{5-25}$$

$$C = \frac{1}{N} \sum_{x \in (0, N-1)} \sigma_x \tag{5-26}$$

式中,$\Omega(x)$为以 x 为中心的窗口区域;σ_x 为窗口内像素灰度的标准差;$|w|$为窗口内像素的个数;p_i 为窗口内像素 i 的灰度值;u_x 为窗口内的灰度均值;N 为图像像素的个数;C 为图像对比度。

（3）用基于梯度的清晰度指标来表征图像的细节边缘等对比度信息,利用 Sobel 算子分别计算水平方向和垂直方向的方向导数,然后计算两者的绝对值之和作为某个像素点的梯度值。所有像素点梯度值的均值即为所求的清晰度值,具体计算公式如下:

$$G_x(i) = \frac{\partial f}{\partial x}, G_y(i) = \frac{\partial f}{\partial y} \tag{5-27}$$

$$D = \frac{1}{N}\sum_{i\in(0,N-1)}|G_x(i) + G_y(i)| \tag{5-28}$$

式中,$G_x(i)$和$G_y(i)$分别为像素 i 处的 x 方向和 y 方向的方向导数;D 为图像清晰度;N 为图像像素的个数。

表 5.1 为去雾前后的图像的客观评价指标,其中对比度和清晰度均指海天线附近区域的计算结果。由原始图像和去雾图像的指标对比可知,去雾图像的整体亮度降低,但是去雾图像的对比度和清晰度得到一定的提升。

表 5.1　全景海域图像去雾效果的客观评价值　　　　　　　　单位:px

	亮度	局部对比度	清晰度
原始图像	67.687	32.574	187.9
去雾图像	41.405	36.487	211.2

通过上述的定性分析和客观评价可知,基于暗通道先验的去雾算法能够在一定程度上提高全景海雾图像的对比度和清晰度,当结合引导滤波算法时,能够有效地消除块效应和光晕现象,有更好的去雾恢复效果。

5.2　全景图像中的海天线检测技术

海天线是海天线区域最重要的标志,它由边缘点组成,将天空背景和海面背景区分开来。在常规视觉下,海天线呈直线型,而在全景图像中,海天线近似为圆形。全景图像的海天线检测可以分为两种方式进行:第一种方式是将全景图像进行柱面展开,将近似圆形的海天线转化为近似直线的海天线,然后应用检测直线型海天线的方法进行检测。但在全景图像中,海天线随着海浪来回晃动,不能保证每张全景图像展开后的海天线都近似直线,更多的情况是展开后海天线为弯曲的曲线,因此直线型海天线检测方法不宜直接应用。为解决上述问题,本节设计了基于动态规划的海天线检测算法。第二种方式是在全景图像上直接针对近似圆形的海天线进行检测。由于目前尚未见到直接对全景图像进行海天线检测的相关文献,因此本节提出了一种基于改进梯度霍夫圆变换的海天线检测算法。

5.2.1　基于动态规划的海天线检测算法

　　动态规划是运筹学、控制论和管理科学领域的重要组成部分,已被广泛应用于解决边缘连接等问题,例如在已检测到的边缘地图的基础上,应用基于动态规划的细胞神经网络,寻找最优路径,实现车辆的自动驾驶;在卫星图像中,利用基于动态规划的 F 算法实现道路的自动检测。

　　最短路径问题是最简单、最经典的动态规划问题之一,Dijkstra 算法、贝尔曼 – 福尔德算法(Bellman-Ford)、SPFA 算法等是解决最短路径问题的经典算法。本节设计的基于动态规划的海天线检测算法适用于普通视觉下的直线海天线检测,而在全景图像中,海天线呈现圆形,因此考虑将全景图像进行柱面展开,将圆形的海天线转化为从左向右延伸的近似直线海天线。然后对柱面展开图进行边缘检测,根据检测结果利用有向图的建立规则建立加权有向图,将求取海天线问题转化为加权有向图的最短路径问题,利用解决最短路径的经典算法求出最短路径,从而提取海天线。基于动态规划的海天线检测算法流程如图 5.14 所示。

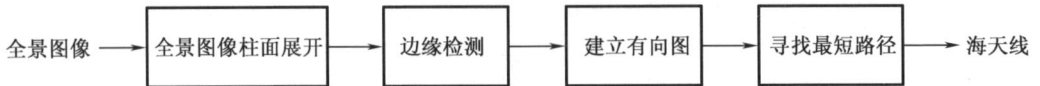

图 5.14　基于动态规划的海天线检测算法流程图

　　1. 全景图像柱面展开

　　本章的全景海域图像是由双曲面折反射全景视觉成像系统采集的。双曲面折反射全景图像成像光路图如图 5.15 所示。

　　其成像过程可以看作由两个映射完成:首先是周围场景的光线 p_i 投射到双曲面反射镜上,这是一个由三维场景到反射面的投影;然后从反射面的反射光线 p_i' 反射到相机放置的成像平面上,这是一个由反射面到像平面的投影。周围场景中的光线经过双曲面反射镜的反射,由位于镜面下方的相机采集,它可以获得水平方向上 360° 的环绕场景图像。这个场景图像是对周围场景的扭曲反映,并不代表真实的场景,但它却包含真实场景的全部信息。

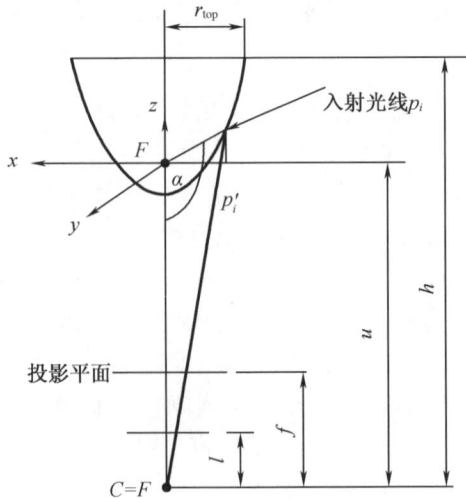

图 5.15　折反射全景视觉成像系统光学原理图

本节设计的基于动态规划的海天线检测算法是一种在全景图像柱面展开图中检测直线海天线的方法,所以在检测海天线前,首先要将全景图像进行柱面展开。下面介绍全景图像柱面展开原理:当虚拟成像面为圆柱面且其中心轴与全景成像系统的对称轴重合时,建立像平面图像与虚拟柱面图像的坐标映射,就得到全景图像柱面展开图。

圆柱面如图 5.16 所示,FF' 为圆柱面的中心轴,也是全景成像系统的对称轴。全景图像柱面展开原理如图 5.17 所示。设柱面上一点 $P(x_0, z_0)$,F 是双曲面的焦点,PF 为入射光线,PF 与 x 轴成一个大小为 θ 的夹角,且与双曲面反射镜相交于点 $Q(x, z)$。设入射光线 PF 方程为

$$z = kx + c, k = \tan \theta \qquad (5-29)$$

双曲面的数学表达式为

$$\frac{z^2}{a^2} - \frac{x^2}{b^2} = 1 \qquad (5-30)$$

由式(5-29)和式(5-30)可以得到 Q 的坐标

$$\begin{cases} x = \dfrac{-B + \sqrt{B^2 - 4AC}}{2A} \\ z = kx + c \end{cases} \qquad (5-31)$$

式中,$A = b^2 k^2 - a^2$,$B = 2kcb^2$,$C = b^4$。过点 Q 画一条垂直于 z 轴的直线且与 z 轴相交于点 Q'。由相似三角形原理可知

$$\frac{|QQ'|}{|MM'|} = \frac{|F'Q'|}{|F'M'|} \qquad (5-32)$$

式中,$|QQ'| = \left| \dfrac{-B + \sqrt{B^2 - 4AC}}{2A} \right|$,$|F'Q'| = |kx + c| + c$,$|F'M'| = f$,$|MM'|$ 就是所要求出的 r。由此得到成像平面点 M 与虚拟成像平面点 P 的关系。

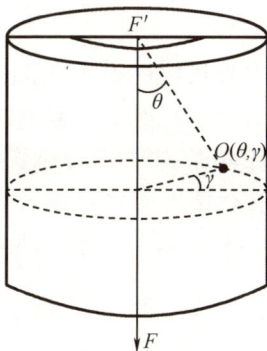

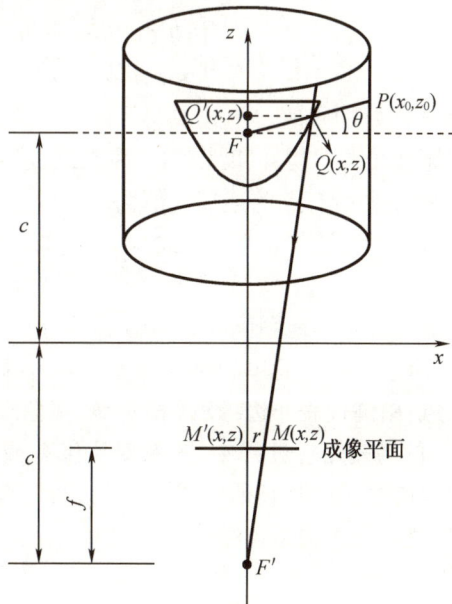

图 5.16　圆柱面　　　　　　　图 5.17　柱面展开原理图

全景图像及其柱面展开图如图 5.18 所示。

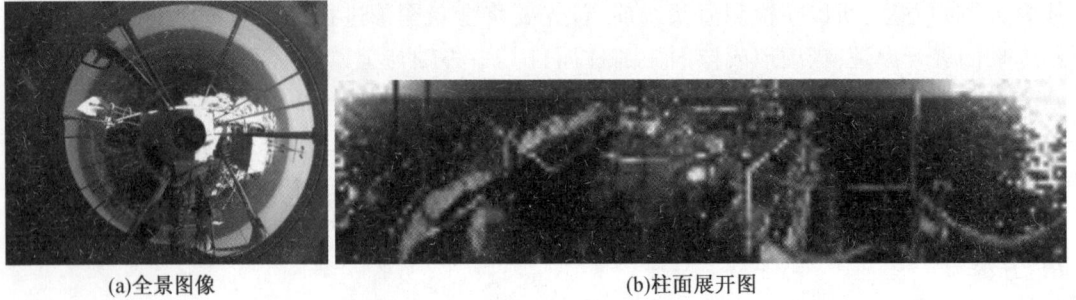

(a)全景图像　　　　　　　　　　　　　　　(b)柱面展开图

图 5.18　全景图像及其柱面展开图

2. 有向图的建立

柱面展开图经过边缘检测后得到一个二值边缘图像。首先利用 $M \times N$ 的二值边缘图像 $\{b_{ij} | b_{ij} = 1$ 或 $0, i = 1, 2, \cdots, M, j = 1, 2, \cdots, N\}$ 构造 $G = \{V, L, \Psi, \Phi\}$，具体方法如下：

（1）图像中每个点 b_{ij} 对应 $v_{ij} \in V$ 在表中的第 j 列一个点，如果 $b_{ij} = 1$，v_{ij} 可以看作一个边缘点；如果 $b_{ij} = 0$，v_{ij} 可以看作一个非边缘点。

（2）在前面和尾处添加两个虚拟参数 s 和 t，表示第 0 列和第 $n + 1$ 列。

（3）在相邻列的两个边缘点，例如 $v_{j,h}$ 和 $v_{k,h+1}$ 建立连接 $l_{h,k,j} \in L$。

（4）用如下函数为每个顶点被赋予不同的权值：

$$\Psi(i, j) = \begin{cases} (i+1)^2, j = 1 \text{ 或 } N \\ 0, \text{ 其他} \end{cases} \qquad (5-33)$$

也就是说，$\Psi(i, j)$ 与 v_{ij} 顶点方向成比例（左上角是原点）。值得注意的是，只有入口 $j = 1$ 和出口 $j = N$ 节点被赋予了权值。

（5）用下面的函数设定点与点的连接权值。

$$\Phi(i, j) = \begin{cases} |h - k|, b_{h,j} = b_{k,j+1} = 1 \text{ 且 } |h - k| \leqslant \delta \\ \infty, \text{ 其他} \end{cases} \qquad (5-34)$$

式中，δ 是预先定好的阈值。上式说明了两个边缘点的距离大于 δ 便不会被连接。δ 值直接影响到提取海天线的性能，同时影响着海天线提取的时间。

（6）s 与第 1 列所有点的连接权值为 0，t 与第 N 列所有点的连接权值也为 0，即 $\Phi(s, k, 0) = \Phi(h, t, N) = 0$。这样就可以忽略 s 与 t 垂直方向的位置，实现 s、t 与其他边缘点的自由连接。

由此建立动态规划地图问题，寻找从 s 到 t 的最短路径，以寻找耗费最少的路径。

图 5.19 展示了一个简单的例子，8×8 的边缘图转换成动态规划演示的多阶段图。黑圆代表边缘点，白圆代表非边缘点（相应地，灰色圈最初是非边缘点，之后会详细说明）。在寻求由 s 到 t 的最短路径过程中，图像对比度差或者阈值选定不佳可能导致海天线曲线断开。自适应提取海天线时必须允许一定的缺口存在。实际上，扩大搜索区域至 tog 列就可以逾越缺口，使得海天线是连续曲线。

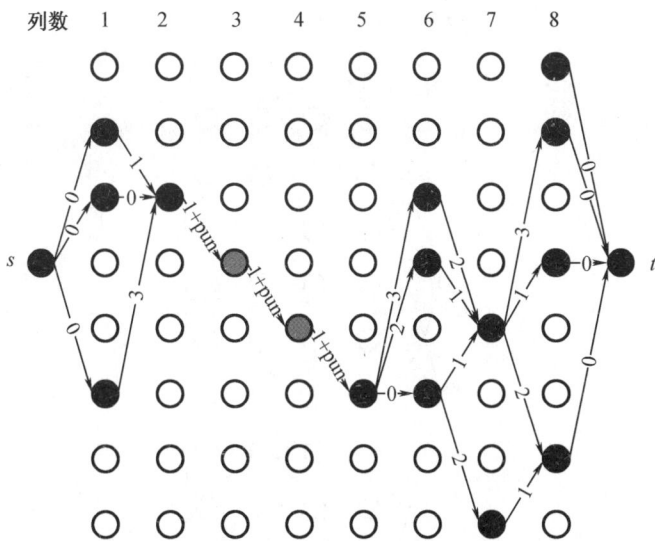

图 5.19　8×8 动态规划算法边缘图

图 5.20 表明了给定第 n 列的顶点 p 的 δ 范围内第 $(n+1)$ 列没有连续边缘点情况下的扩张的搜索区域。扩张规则是在第 $(n+i)$ 列搜索 $2(\delta+i)-1$ 个点，$i=1,2,\cdots,\text{tog}$。这样便构建了一个散发的区域，直到边缘点被找到或已经到达第 $(n+\text{tog})$ 列。在上述例子中，设置 $\text{tog}=3,\delta=3$。回到图 5.19 所示的例子中，当确定了 v_{32} 同时在下一列中又没有边缘点时，采用区域扩张搜索，找到了 v_{65} 作为候选连接点。因此我们可以用线性插值确定虚拟连接点（蓝色点 v_{43} 和 v_{54}），伴随着虚拟边缘插入点，我们用较大的权值 pun 连接每个虚拟点，增加海天线路径点。这样就可以避免在最后的海天线结果中存在过多的后增加的路径点，进而影响海天线提取的准确度。

当天际线断裂且缺口大于 tog 时，则认为像素点 p 无效，不能获得其局部最小路径。例如，在图 5.19 中，假设我们用 $\text{tog}=2$ 代替，那么 v_{32} 就是无效的，s 到 t 就不能找到一个最优路径。因此，在选择 δ 和 tog 时必须权衡二者。随着区域搜索面积的增大，可被忽视的缺口也增大，但同时可能连上非海天线边缘点。

动态规划算法中，所有可能的路径都是由最左列开始计算，选择由 s 到 t 的最短路径。当海天线的起始点不在最左列时，该算法无效。事实上，当海面晃动剧烈时，椭圆形海天线有可能不会全部出现在全景图像中，部分海天线被全景反射镜边缘遮挡，柱面展开后，海天线的起始点可能出现在图像最上行的左侧，终点可能出现在图像最上行的右侧。另外，柱面展开过程会给图像带来一定畸变。为保证动态规划算法可用，设置像素点 $v_{1j},j=1,\cdots,\alpha$ 为可能的起始边缘点；$v_{1j},j=\beta,\cdots,n$ 为可能的终点边缘点，且可能的起点与终点之间的缺口大于最大容忍缺口，即 $\beta-\alpha<\text{tog}$。

基于动态规划的海天线检测算法步骤可总结如下：

(1) 设置图像左右两边的像素点和第一幅图像的前后部分像素点为边缘。

(2) 根据二值边缘图生成 $G=\{V,L,\Psi,\Phi\}$，包括两个虚拟像素点第 0 列的 s 和第 $(n+1)$ 列的 t。

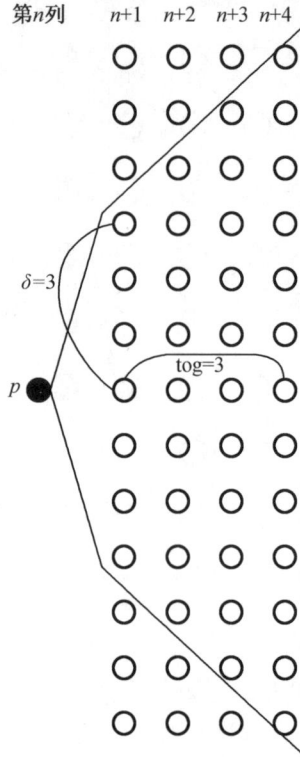

图 5.20 节点 p 没有连接点时的搜索范围图

（3）在 G 的基础上，采用动态规划法寻找 s 到 t 的最短路径 P^*。在搜索过程中，允许天际线缺口小于 tog。

（4）返回路径。我们认为该路径就是已经提取的海天线。

3. 最短路径算法

由荷兰科学家基于贪心算法的思想提出的 Dijkstra 算法是最短路径问题经典的算法之一，之后也有许多学者对这一算法进行优化和改进。该算法的基本思想是：将图 $G(V,E)$ 中所有顶点 V 分为 V_A 和 V_B 两类，其中 V_A 中存放所有由起点 S 可到达的顶点，V_B 中存放所有不可到达的顶点。算法初始时只有起点 S 在 V_A 中，V_B 中包含除 S 外的所有顶点。算法过程中，一旦 S 到达某个顶点的最短路径确定下来，则记录该终点的前一个点，并将该顶点从 V_A 转到 V_B 中，直到 V_B 中不包含 S 可以到达的顶点。最后逆序倒查顶点便可得到所求最短路径的长度和线路。

具体步骤如下：

（1）将权值矩阵 $(w_{ij})_{m \times n}$ 的第一列中所有元素都改为 ×，并把第一行除首个元素外的其余所有元素做个标记。

（2）在已标记的元素中寻找最小的权值元素 w_{ki}，如果该元素为无穷大，则停止搜索，表明从起点到该顶点没有可以到达的路径；否则把 w_{ki} 圈起来，并把第 i 列的剩下所有元素都改成 ×，然后将第 i 行中除 × 以外的元素分别加上权值 w_{ki} 并做标记。

（3）如果存在不包含 × 的列，则转步骤（2）；否则结束，圈起来的元素 w_{ij} 表示最短路径 (v_1, v_j) 的总权值，且最短路径是由 (v_1, v_i) 加上 (v_i, v_j) 组成的。

4. 实验结果与分析

本节主要研究了基于动态规划的海天线检测算法,首先利用给定规则建立基于数字图像像素点的有向图,将数字图像的海天线检测问题转化为有向图的最短路径问题,然后应用发展相对成熟的最短路径算法中的 Dijkstra 算法完成全景图像的海天线检测。

采用海空背景下的三组全景图像进行实验,其中第 1 组图像 20 张,第 2 组图像 40 张,第 3 组图像 20 张。设置全景图像柱面展开图的大小为 160×40,图 5.21(a1)柱面展开起始角为 30°,水平角为 15°,俯仰角为 75°;图 5.21(a2)柱面展开起始角为 270°,水平角为 30°,俯仰角为 75°;图 5.21(a3)柱面展开起始角为 300°,水平角为 20°,俯仰角为 80°。设置动态规划算法的参数 $\delta = 3$,$tog = 4$,$pun = 50$。

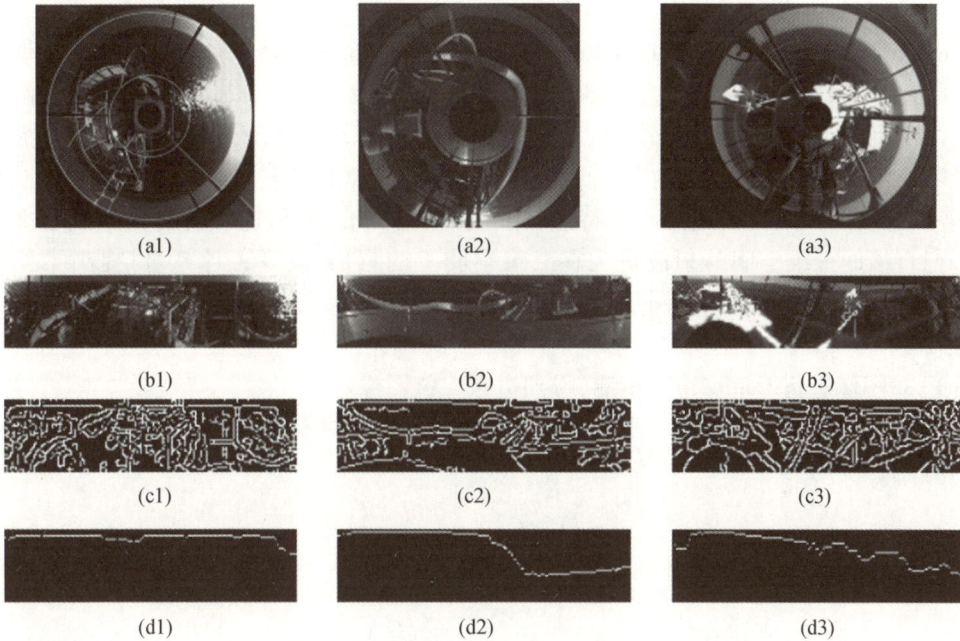

(a1)	(a2)	(a3)
(b1)	(b2)	(b3)
(c1)	(c2)	(c3)
(d1)	(d2)	(d3)

图 5.21　动态规划法海天线检测结果图

图 5.21 中,图(a1)至图(a3)是通过全景系统采集到的三组原始全景海域图像,图(b1)至图(b3)是图(a1)至图(a3)对应的柱面展开图,图(c1)至图(c3)是边缘检测结果图,图(d1)至图(d3)是通过基于动态规划的海天线检测算法得到的海天线结果图。在图 5.21 中的第 1 组图像的柱面图中,海天线从图像左侧延伸到右侧,实验所用的 20 张图片中,海天线成功提取 19 张,成功率达到 95%;而在第 2 组和第 3 组图像中,图像右半部的海天线均有遮挡,海天线断裂处较多,且断裂缺口远远大于 tog,导致图像右半部的海天线检测失败。由此可以得知,基于动态规划的海天线检测算法针对海天线遮挡较少的情况检测效果较好,适用于海天线断裂处少且断裂缺口较小的情况;在海天线遮挡较多的条件下检测效果较差。因此该方法的环境适应性有待进一步增强。

5.2.2　基于分形维数和改进梯度 Hough 圆变换的海天线检测算法

在前期研究中发现在全景柱面展开图中检测海天线存在两方面问题:一方面对全景图像进行解算还原,不仅耗费大量时间,还易丢失信息;另一方面,在对全景图像进行动态解算还原时,需要不断人为调整一些参数,如水平角和俯仰角等。这都使得这种处理方式不适于海域图像的实时处理,因此下面研究在全景图像中直接检测海天线的算法。

英向华对全景成像模型的推导证明了当全景采集装置的放置与海平面垂直时,全景图像中的海天线为圆形,但实际上由于采集设备的安装误差和海浪的影响,全景设备通常会发生倾斜,导致采集的海天线呈椭圆形。但因为椭圆海天线的长、短轴一般差别很小,所以可把海天线视为近似圆形。针对全景海天线呈近似圆形的特点,考虑采用检测圆形的方法检测海天线,常用的圆形检测算法有标准 Hough 圆变换、随机 Hough 圆变换和基于梯度的 Hough 圆变换等。但这些算法应用于全景海天线提取时,在检测准确率和效率上都不理想,故本书提出了一种基于分形维数及改进梯度 Hough 圆变换的全景海天线检测算法。

1. 梯度 Hough 圆变换基本原理

Hough 圆变换最早由 Paul Hough 在 1962 年提出,它的突出特点是将全局检测问题转化为判断参数空间累加值的问题,大大减小了检测的复杂度。在将 Hough 变换应用于圆的检测时,由于需要计算三维空间(中心点(x, y)、半径 r)的累加值,从而使圆检测效率大大降低,且需要消耗计算机大量的内存。而由 Kimme 提出的基于梯度的 Hough 圆变换算法利用圆上各点梯度所在的直线过圆心的特点,先寻找候选圆心,然后遍历所有候选圆心确定圆半径,把直接的三维空间映射改进为在二维空间上的累加,减少了计算量,提高了计算效率。因此,这里以梯度 Hough 圆变换为例,进行提取全景海天线的尝试。该算法的具体步骤如下:

(1)对图像进行 Canny 边缘检测,得到边缘二值图像。

(2)对边缘图像上的每一个非零点,计算其局部梯度和梯度方向,即图像 $I(x, y)$ 在点 (x, y) 处的梯度为

$$\nabla f = (G_x, G_y)^{\mathrm{T}} = \left(\frac{\partial I}{\partial x}, \frac{\partial I}{\partial y}\right)^{\mathrm{T}} \tag{5-35}$$

梯度方向为

$$\theta(x, y) = \arctan\left(\frac{G_x}{G_y}\right) \tag{5-36}$$

对过点(x, y),斜率为 $\tan \theta(x, y)$ 的直线上的每一个点在累加器中进行累加统计,将累加结果大于给定阈值且是局部极大值的点作为候选圆心,并将这些候选圆心按照对应的累加值的大小进行降序排列。

(3)对每一个候选圆心,在与其对应的候选半径中选择非零边缘点最支持的半径作为该圆心的匹配半径。具体方法是,对于某个候选圆心对应的一组候选半径,手动设置一个阈值,构成半径的非零边缘点数大于该阈值的那些候选半径被筛选出来,这些被筛选出来的半径中最小的那个半径被认为是与该圆心对应的最优半径。此外,当两个候选圆心的距离小于给定的圆心间最小距离时,舍弃累加值小的候选圆心,最后输出每个候选圆心对应的最优半径。

按照上述步骤,将梯度 Hough 圆变换算法直接应用于全景图像的海天线检测中,结果如图 5.22 所示。从图 5.22(b)中可以看出,梯度 Hough 圆变换检测到多个圆环,但没有任何一个真正收敛到全景海天线上。这是因为 Hough 圆变换一般适用于背景比较"干净"的图像,而全景图像背景复杂,严重影响了最优圆心和半径的确定,从而导致检测失败。

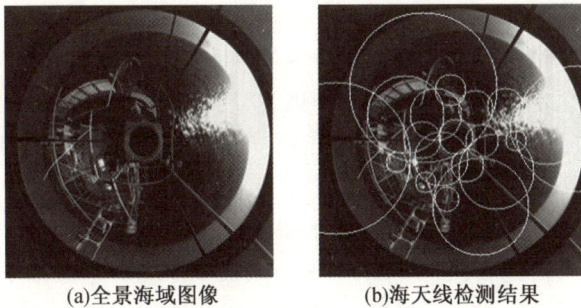

(a)全景海域图像   (b)海天线检测结果

图 5.22 基于梯度 Hough 圆变换的海天线检测结果

2. 基于分形维数的全景图像预处理

全景视觉系统结构和成像原理的特殊性导致由其采集的全景海域图像中包含全景采集装置及船体等设备区成像,如图 5.23 所示。这大大增加了全景海域图像背景的复杂度,而且这些设备区成像还会对海天线造成遮挡,从而导致海天线断裂,这都增加了海天线的提取难度。因此在进行海天线提取之前,有必要对全景图像进行预处理,把设备区成像检测并分割出来,消除其对海天线检测的不良影响。

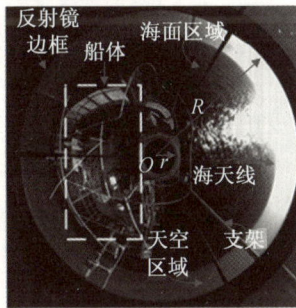

图 5.23 全景海域图像

从图 5.23 可以看到,当全景视觉系统固定后,只有该系统的相机固定设备的中心 O、相机固定设备的半径 r 和双曲面反射镜固定装置的半径 R 在全景图像中是固定不变的,可以作为先验知识使用。而海天线圆心却随着海况的变化而变化,海天线半径也随之在 $r \sim R$ 之间移动,所以文献[19]中将低海况下手动测量的海天线圆心和半径作为先验知识,通过设定固定不变的同心圆环屏蔽全景设备区干扰的方式适应性较差,有必要设计自适应性较高的全景设备区检测方法。

考虑到全景采集装置及船体设备均属于人造物体,其纹理特征与海面、天空等自然景物有明显区别,故根据分形原理,通过计算分形维数将全景设备区从海天背景中自动检测并分割出来,降低背景复杂度,消除其对海天线检测的不良影响。

分形及分形维数由美国数学家 Mandelbrot 在 1975 年首次提出,研究表明,分形维数是分形对象复杂度和不规则度的定量描述。分形维数定量反映了图像表面的粗糙程度,由于海天背景与全景采集装置及船体设备的表面粗糙度有所差别,对应的分形维数不同,因此可用其作为区分它们的标准。常用的提取分形维数的方法有地毯覆盖法和差分盒维数法,由于地毯覆盖法的计算效果要优于差分盒维数法,故这里采用该算法计算图像的分形维数。

（1）地毯覆盖法原理

地毯覆盖模型是在 Mandelbrot 计算海岸线长度方法基础上进行的扩展，将计算海岸线长度推广到图像的二维表面区域。该算法的思想是，将图像 $f(x,y)$ 看作三维欧式空间的一个曲面，其中曲面上点的高度可以用该像素的灰度值表示，如果以该曲面中的某一点为中心，考虑与该中心点距离大于 r 的像素点集合，用一个厚度为 $2r$ 的地毯进行覆盖，则该曲面的面积可由地毯上下表面之间的体积除以 $2r$ 得到。

在图像曲面中，地毯的上表面 $U(i,j,r)$ 和下表面 $B(i,j,r)$ 定义如下：

$$U_0(i,j) = B_0(i,j) = f(i,j) \tag{5-37}$$

其中，$f(i,j)$ 表示图像中点 (i,j) 位置的灰度值。

$$U_r(i,j) = \max\left\{ U_{r-1}(i,j) + 1, \max_{(m,n)\in\eta}\left[U_{r-1}(m,n) \right] \right\} \tag{5-38}$$

$$B_r(i,j) = \min\left\{ B_{r-1}(i,j) - 1, \min_{(m,n)\in\eta}\left[B_{r-1}(m,n) \right] \right\} \tag{5-39}$$

式中，$r\in\mathbf{N}$，表示距离点 (i,j) 小于或等于 1 的点的集合；$r = 1,2,\cdots r_{max}$，r_{max} 是在计算分形维数时选取的最大尺度，要求 $r_{max}\geqslant 2$ 且 $r_{max}\in\mathbf{N}$。

通过上下地毯表面的定义，可得到两个表面之间的体积

$$V(r) = \sum_{(i,j)\in M}\left[U_r(i,j) - B_r(i,j) \right] \tag{5-40}$$

式中，M 表示所要处理的区域。则灰度曲面的面积 $A(r)$ 为

$$A(r) = V(r)/2r \tag{5-41}$$

由于分形的自相似性，图像灰度曲面的面积度量 $A(r)$ 又可表示为

$$A(r) = cr^{2-D} \tag{5-42}$$

对上式两边取对数可得

$$\log A(r) = (2-D)\log(r) + \log(c) \tag{5-43}$$

式中，c 为常数；D 为所要求取的灰度曲面的分形维数。

因此，分形维数 D 的具体算法为，对得到的一系列 r 和 256×256，在 $\log(r)\sim\log A(r)$ 坐标系中，用最小二乘法拟合直线 $\log A(r) = C_1\log(r) + C_2$，可得到斜率 C_1 的值，从而得到分形维数 (x,y)。

（2）基于分形维数的全景图像预处理

按照地毯覆盖法的一般步骤，通过计算图像中每一个像素点的分形维数，再生成相应的分维图像来对全景图像进行预处理，从而提取全景设备区域，计算量大且计算效率低。而考虑到全景图像中对全景海天线检测影响较大的船体及图像采集设备分布比较集中，所占区域较大（见图 5.23 中长方形区域），本节设计了一种基于地毯覆盖法的全景图形预处理方法。该方法可以在减小计算量的同时，较完整地提取出全景设备区。其具体步骤如下：

①考虑到包括船体在内的全景设备区大部分集中分布在同一区域且属性相近的特点，本节将大小为 256×256 的全景图像转化为灰度图像，并整体划分为 16×16 的图像窗口。采用地毯覆盖法计算每个窗口中心点的分形维数作为该图像窗口的分形维数，这样可得到一个 r 的分形维数矩阵，从而大大克服了逐点计算分形维数计算量大的问题。

②分形维数的检测规则：自然背景相对粗糙，分形维数较大；人造物体由许多光滑的小块组成，它的各个组成部分比较规整，分形维数较小，但在这些组成部分的连接处表现出较高的分形维数；在人造物体和自然背景交界处，边缘较强，分形维数很大。由图 5.23 可见，全景设备区自身的连接处很多，与海天背景的交界也很多，其整体应该呈现较高的分形维

数。故这里将步骤①中得到的分形维数矩阵中的元素按大小进行降序排列,将排序位于总数的 1/3 位置处的分形维数作为阈值,分形维数大于该阈值的区域即为全景设备区。这种阈值确定方式是对不同全景设备,在不同海域、不同时间采集的大量全景图像进行试验得到的统计结果,由该方法确定的阈值可以使不同的全景海域图像的分形结果综合最优。

　　为了便于观察提取结果,把提取出来的全景设备区用矩形方框标记在原始全景图像中,如图 5.24 所示。从图 5.24(b)中可以看出,大部分全景设备区已经被成功提取出来了。需要说明的是:

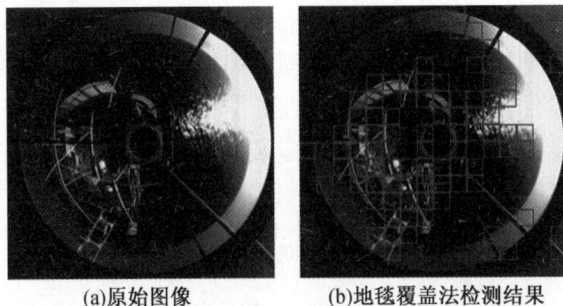

(a)原始图像　　　　　　(b)地毯覆盖法检测结果

图 5.24　基于地毯覆盖法的全景图像预处理

　　①反射镜边框由于纹理相对简单、光滑,分形维数较小,故存在一定程度漏检。可正如前文介绍的,全景视觉系统一旦确定,其反射镜边框的半径 R 是已知的且固定不变,完全可以利用这个先验知识在海天线检测前将其剔除。

　　②从图 5.24(b)中可以发现,部分光照的海面区域也被提取出来了,这是由于光照引起的鱼鳞光使得这部分海域与其他海域呈现较强的边缘特性,导致其分形维数较大。投射到海面上的光照影响一直是影响海天线检测准确性的重要因素之一,所以这部分区域被提取出来,消除其影响恰恰是我们需要的。

　　根据分形维数将复杂的全景设备成像区域提取并剔除之后,再次利用梯度 Hough 圆变换检测海天线,其结果如图 5.25 所示。从图 5.25 可以看出,检测出的圆形数目虽然明显减少,但检测结果仍不唯一,而且全景海天线仍然没有被检测出来。通过分析发现,基于分形维数的全景设备区提取过程虽然降低了全景图像背景的复杂度,但仍有极少部分设备区漏检,但更主要的是梯度 Hough 圆变换算法中缺少了选择唯一圆环的过程,为此本节提出了一种改进的 Hough 圆变换算法。

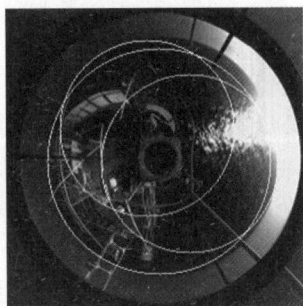

图 5.25　梯度 Hough 圆变换检测结果(去除设备区干扰后)

3. 改进梯度 Hough 圆变换提取海天线

本节设计的基于分形维数和改进梯度 Hough 圆变换算法的具体实现步骤如下：

（1）采用自适应阈值的 Canny 算子对图 5.24（a）所示的全景图像进行边缘检测，所得边缘二值图像如图 5.26（a）所示。

（2）剔除干扰边缘点。为了减少像素点分形维数的计算量，提高计算效率，采用先整体后局部的方法进行二次分形维数计算，在最大限度消除干扰边缘点的同时，尽可能使计算量达到最小，计算过程如下：

①将全景图像转换为灰度图像，先按照前述方法在灰度图像中进行分形维数计算，根据分维结果确定出全景设备区的位置，然后在边缘检测图 5.26（a）中把相应位置的非零边缘点的像素值设置为零，结果如图 5.26（b）所示。

②剔除相机固定装置和双曲面反射镜固定装置形成的干扰边缘。如前所述，全景采集装置一旦选定并安装完毕，相机固定设备的中心 O 和半径 r、双曲面反射镜固定装置的半径 R 均是固定不变的先验知识，因此可以通过设定同心圆环剔除相机固定装置和双曲面反射镜固定装置的干扰边缘点，结果如图 5.26（c）所示。这样处理不但可以提高第二次边缘点分形维数计算的效率，而且加速了 Hough 圆变换筛选最优半径的进程。

③二次分维计算。根据步骤②处理后保留下来的边缘点，找出在灰度图像中对应位置处的点，在灰度图像中逐点计算以这些点为中心，大小为 16×16 窗口的分形维数；并对所有分形维数按由大到小排序，将排序位于总数的 R 位置处的分形维数作为阈值，在图 5.26（c）中设置分形维数大于该阈值的点的像素值为零，结果如图 5.26（d）所示。由图 5.26（d）可见，全景设备的干扰边缘点已经基本消除，而海天线的边缘点得到了较好的保留。

（3）候选圆心的选择。对图 5.26（d）中的每一个非零边缘点按照式（5-35）和式（5-36）计算其局部梯度 ∇f 和梯度方向 $\theta(x, y)$。当全景设备固定后，所采集的全景图像中海天线的半径随着海天线圆心的变化在 $r \sim R$ 之间移动，因此为了克服无关点的干扰，提高检测效率，在按照基本梯度 Hough 圆变换方法中的步骤（2）寻找候选圆心的过程中，只取斜率为 $\tan \theta(x, y)$ 的直线上距离点 (x, y) 在 $r \sim R$ 之间的点进行累加。相比于原算法，这样的处理可以大大减少无关边缘点的干扰，增加候选圆心点的可信度。

（4）确定最优圆心和半径。由于每个候选圆心都能找到相应的最支持的圆半径构成候选圆，这样势必会得到多个候选圆，如图 5.25 所示，因此需要一个标准，以从这些候选圆中选出最优的圆作为海天线。这个标准就是

$$T = \frac{圆环边缘点的数目}{半径} \tag{5-44}$$

圆环边缘点的数目与半径的比值 T 兼顾了边缘点的数目和圆的尺寸，其大小可以作为判断圆环优劣的标准。因此确定最优圆心和半径的具体步骤如下：

①遍历所有候选圆心，计算每一个候选圆心对应不同半径时非零边缘点的数目。

②计算边缘数目与半径的比值 T，按照比值 T 的大小把相应的半径降序排序，选择比值最大的半径作为该候选圆心最支持的半径构成候选圆。

③在这些候选圆中再次选择比值最大的作为海天线圆环的唯一输出。

考虑到海天线半径在 $r \sim R$ 之间，故在上述处理过程中对每一个候选圆心只需计算 $r \sim R$ 之间的半径对应的比值即可，这样不仅可以减少计算量，同时提高了检测结果的准确性。其检测结果如图 5.26（e）所示。

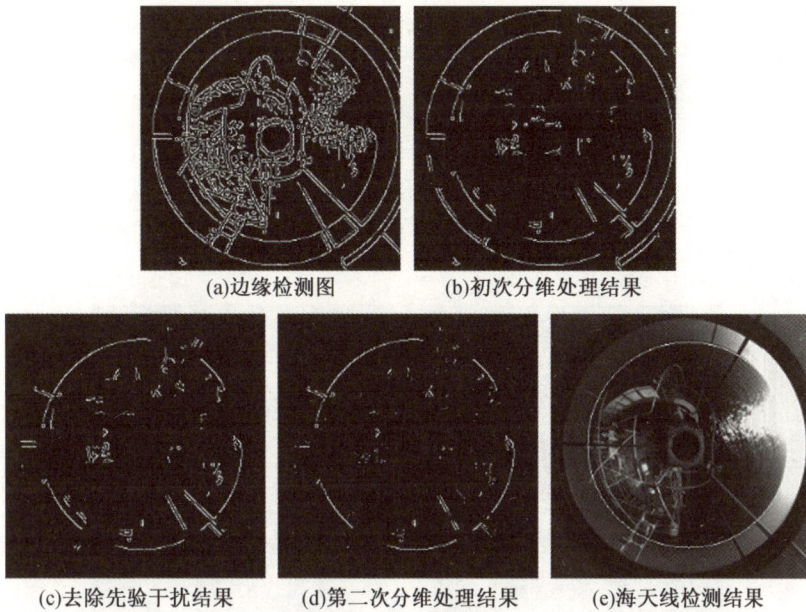

(a)边缘检测图　　　　　(b)初次分维处理结果

(c)去除先验干扰结果　　(d)第二次分维处理结果　　(e)海天线检测结果

图5.26　基于分形维数和改进梯度 Hough 圆变换的检测结果

4. 实验对比及分析

由图5.26可以看出,本节提出的基于分形维数和改进梯度 Hough 圆变换的海天线检测方法可以有效地提取全景图像中的海天线。为了进一步验证算法的有效性和鲁棒性,对该算法与文献[19]算法分别在多种情况下进行海天线提取试验及对比分析,试验结果如图5.27所示。

(1)实验图片说明

图5.27(a)中从左至右依次给出了"理想情况、海天线部分缺失、低对比度和海天线大范围断裂"这四类全景海域图像。"理想情况"是指在低海况下、能见度较好的白天拍摄的全景海域图像;"海天线部分缺失"是指在高海况下拍摄的全景海域图像,由于全景采集设备受风浪影响随船体晃动比较严重,导致部分海天线超出视域范围,出现海天线部分缺失的情况;"低对比度"是指黄昏时分光照不佳时采集的全景海域图像,此时海面和天空对比度较低,而且夕阳投射在海面上形成大片鱼鳞光;"海天线大范围断裂"是指海天线附近存在岛屿、岩礁等大的障碍物,造成海天线大范围遮挡和断裂。

(2)实验结果对比及分析

在上述四种情况下,文献[19]算法和本节提出的检测算法的实验结果如图5.27(b)和(c)所示,由图可见:

(1)在"理想情况"下,文献[19]和本节方法均可以准确地检测出全景圆形海天线。

(2)在"海天线部分缺失"的情况下,文献[19]方法提取海天线失败,这是因为高海况引起的船体晃动导致海天线的中心严重偏离了理想情况下全景海天线中心,使得文献[19]使用固定的圆心和半径屏蔽全景设备区干扰信息时,海天线的部分有效边缘点也会被屏蔽掉,从而导致检测出的海天线不准确;而本节方法通过分维计算对全景海域图像进行预处理,消除全景设备区干扰,通过改进梯度 Hough 圆变换提取全景海天线,整个检测过程不受海天线中心变动的影响。

（3）在"低对比度"情况下，文献［19］方法检测海天线失败。在这种情况下采集的图像中，海面区域和天空区域的对比度较低，而且海天线附近海面存在光照形成的鱼鳞光，此外海天线附近的天空区域还存在落日的高亮度成像。这时文献［19］中使用固定的圆心和半径屏蔽干扰信息的方法，不能将海天线附近的光照影响全部消除，用于拟合的边缘点中存在许多光照影响引起的伪边缘点，从而使检测结果在鱼鳞光附近明显偏离海天线的真实位置，而本节方法根据分维计算结果消除无关干扰，可有效提取出受光照影响的区域，消除干扰边缘，从而准确检测出全景海天线。

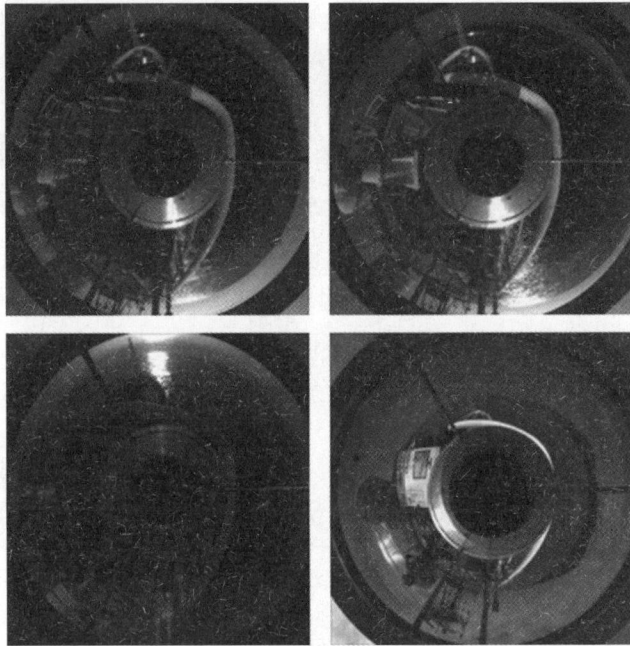

(a)不同情况下的全景图像

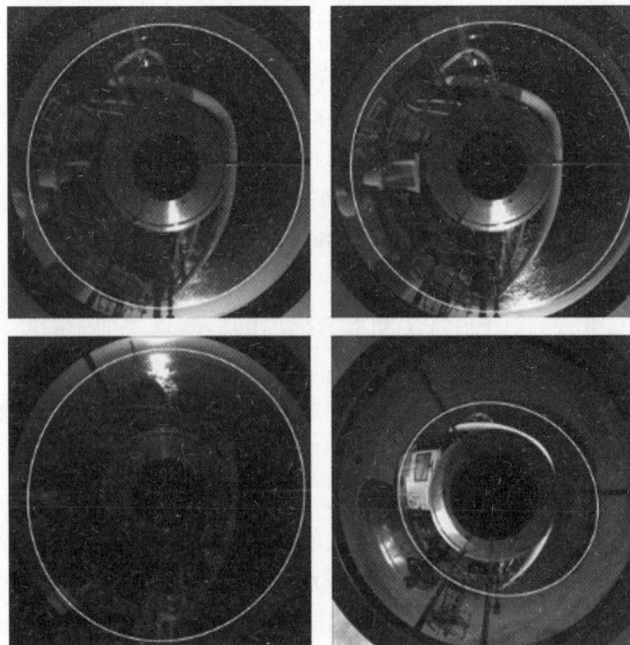

(b)文献［19］算法检测结果

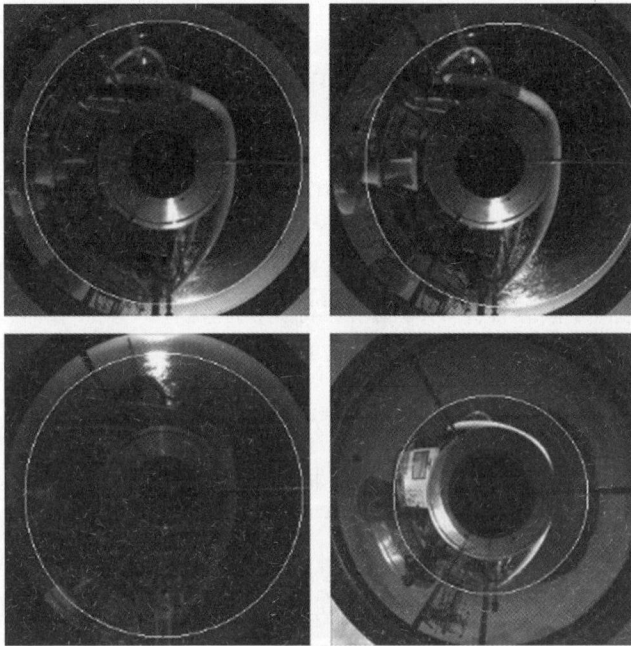

(c)本节算法检测结果

图 5.27　不同情况下的全景海天线检测

(4)在"海天线大范围断裂"情况下,文献[19]方法检测海天线失败。在该组图像中,海天线左侧至少三分之二的部分被全景设备及船体成像遮挡,同时海天线右侧存在大范围山体遮挡,应用文献[19]方法处理时边缘检测图中会包含山体和天空交界的边缘点,这些伪边缘点的存在使得拟合出的海天线出现严重偏差。而本节算法在选择最优圆心和半径的过程中能够有效排除上述伪边缘点,得到准确的检测结果。

为了进一步验证本节算法的优越性和普适性,在上述四种情况下分别随机挑选 100 幅图片进行试验,并将文献[19]和本节算法的错误检测结果进行统计,见表 5.2。由表 5.2 可以看出,在海天线部分缺失、低对比度和海天线大范围断裂情况下,本节算法误检率远远低于文献[19]算法的。

表 5.2　全景海天线误检率统计

实验图片	文献[19]检测准确率	本节方法检测准确率
理想情况	94%	97%
海天线部分缺失	80%	95%
低对比度	54%	97%
海天线大范围断裂	33%	94%

5.3 海天线区域的小目标检测技术

由远及近驶近的舰船等远景目标会最先出现在海天线上,所以检测海天线上是否有目标出现可以最早发现目标踪迹,从而达到监控、预警的目的。通过 5.1 和 5.2 的研究,已经实现了全景图像中海天线的准确检测,在此基础上本节进行海天线区域的小目标检测算法研究,提出了基于提升小波互能量的海域小目标检测算法。

5.3.1 小波变换和提升小波变换

为了克服 Fourier 变换的不足之处,20 世纪以来研究者探索出了一种更为高效的信号处理方法——小波变换。小波变换通过伸缩和平移等运算就可以对信号进行多尺度的细化,在时域和频域上都具有良好的分析特性,因此小波变换被称为"数学显微镜",并得到了广泛的应用。由于图像中的小目标可以看作图像信号中的奇异点(灰度突变点),而小波变换是处理非平稳信号的有力工具,可以应用在小目标的检测上,所以本节设计了一种基于提升小波变换的小目标检测算法,实现了对海天线区域小目标的有效检测。

1. 小波变换和提升小波变换的比较

虽然,小波变换在信号处理领域得到了很好的应用,但它并不是毫无缺点的。第一代小波变换主要存在以下几个问题:

(1)信号经过小波变换后得到的是浮点数,而计算机受到有限字长的限制,最终导致不能完全恢复出原始信号;

(2)第一代小波变换对内存的需求量比较大,它不适应于专用 DSP 芯片的研发和处理;

(3)当第一代小波变换应用于数字图像处理时,它对图像的大小有严格的要求,并不能处理所有尺寸的图像。

另外,在小波变换的应用中,大多数采用的是传统的 Mallat 算法,而 Mallat 算法需要将空间域转化到频域,这样势必会增加很多计算量,很难满足系统实时性的需要,且不利于硬件的实现。于是经过大量学者的研究,Sweldens 于 1994 年提出了第二代小波算法——提升小波,该算法不依赖于傅里叶变换,可以完全在空域内设计滤波器,其计算量是 Mallat 算法的一半。其优点表现为以下几个方面:

(1)实现原位计算。提升小波变换完全采用置位运算,不需要占用太多内存,当应用于图像处理时,原图像信息可以用变换后的小波系数完全代替。

(2)具有多分辨率的特点。

(3)比较简单,容易理解。提升小波变换不需要进行傅里叶变换,没有复杂的变换过程,思路比较清晰,更适用于实际应用。

(4)反变换也相对简单。针对提升小波变换的反变换只需要进行正变换的逆过程处理,在处理过程中只需要将正号变为负号,将负号变为正号即可实现反变换过程。

鉴于提升小波变换的上述优点,本节将应用提升小波变换来实现海天线区域的小目标检测。

2. 提升小波原理

提升小波主要由三个子过程组成,分别为分裂子过程、预测子过程和更新子过程。其中分裂子过程是对信号进行分解,分为偶序列和奇序列;预测子过程是利用信号的相关性对信号的高频部分进行分离;更新子过程是在预测环节的基础上得到信号的低频信息。下面以一维信号为例,具体介绍提升小波算法的实现过程。其框架如图5.28所示。

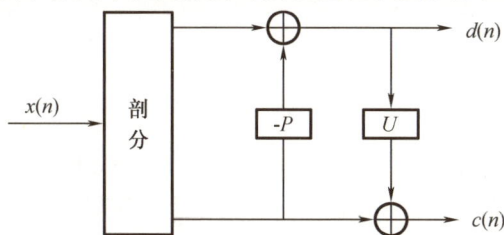

图 5.28　一维小波提升框架示意图

(1)分裂子过程:将输入信号 $x(n)$ 分解成奇序列和偶序列,即

$$x(n) = x_e(n) + x_o(n) \tag{5-45}$$

式中,$x_e(n)$ 代表偶序列;$x_o(n)$ 代表奇序列。

(2)预测子过程:用偶序列去预测奇数序列,其预测误差 $d(n)$ 为

$$d(n) = x_o(n) - P[x_e(n)] \tag{5-46}$$

式中,$P[\,\cdot\,]$ 代表预测算子;$d(n)$ 为小波系数,对应信号的高频分量。

(3)更新子过程:用预测误差 $d(n)$ 修正 $x_e(n)$,即

$$c(n) = U[d(n)] + x_e(n) \tag{5-47}$$

式中,$U[\,\cdot\,]$ 为更新算子;$c(n)$ 为尺度系数,对应信号的低频分量。

二维提升算法是在一维提升算法的基础上通过行列法逐层分解得到的。其分解过程如图5.29所示。

对二维数字图像进行提升小波变换的方法是,先对图像的行进行一维提升小波变换,再对得到的提升结果按照列进行提升小波变换,从而得到四个子图像,分别为低频小波子图像(CC)、水平方向上高频子图像(DC)、垂直方向上高频子图像(CD)和对角线方向上高频子图像(DD)。其分布如图5.30所示。

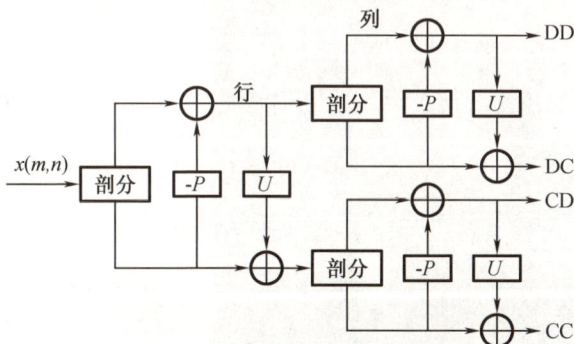

图 5.29　二维小波分解示意图

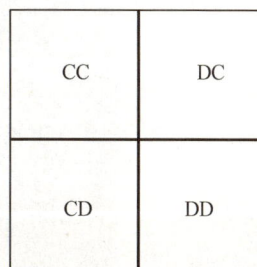

图 5.30　小波分布示意图

5.3.2　基于提升小波互能量的海天线区域小目标检测

提升小波变换具有多尺度特性,在适当的尺度下非平稳跳变信号就会表现出与噪声信号完全不同的特征。一般目标信号在小波分解的各个尺度上都会表现出较大的能量幅值,而噪

声信号的小波能量幅值会随着尺度的增加而相对减少,同时,小波分解会把信号的能量分散于各个频带上,因为噪声信号在每个频带上是不相关的,所以使用小波互能量交叉的方法可以在消除部分噪声影响的同时,增强小目标的信号能量,从而更有利于小目标的检测。

1. 基于提升小波互能量的海天线区域小目标检测算法

相邻频带小波互能量交叉的计算方法为

$$b_e^k = \text{sgn}(b_n^k) \sqrt{|b_n^k| \cdot |b_n^{k+1}|} \tag{5-48}$$

式中,$|b_n^k|$ 和 $|b_n^{k+1}|$ 分别代表原始图像中同一位置处的像素在不同小波子图像中的小波能量值;b_e^k 为互能量交叉后的小波能量值;$\text{sgn}(\cdot)$ 为符号函数,即在保持原信号能量符号不变的前提下对高频信号和相邻的频带信号做能量交叉处理,从而达到增强目标信号能量值的作用。

本节设计的基于提升小波互能量的小目标检测算法具体步骤如下:

(1)将彩色全景图像转化为灰度图像,对灰度图像进行提升小波变换。在本节中,使用的是 Daub 5/3 小波提升算法,该算法的正变换公式:

$$d(n) = x_o(n) - \left\{ \frac{1}{2} [x_e(n) + x_o(n)] + \frac{1}{2} \right\} \tag{5-49}$$

$$c(n) = x_e(n) - \left\{ \frac{1}{4} [d(n) + d(n-1)] + \frac{1}{2} \right\} \tag{5-50}$$

相应的反变换为

$$x_e(n) = c(n) - \left\{ \frac{1}{4} [d(n) + d(n-1)] \frac{1}{2} \right\} \tag{5-51}$$

$$x_o(n) = d(n) + \left\{ \frac{1}{2} [x_e(n) + x_o(n)] + \frac{1}{2} \right\} \tag{5-52}$$

以两层小波分解为例,其小波分解结果如图 5.31 所示。

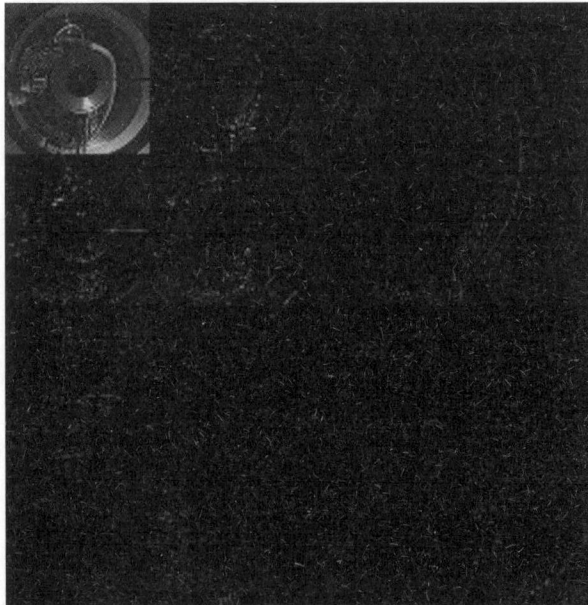

图 5.31　小波分解结果示意图

选用该算法的原因是该小波提升变换只需要一次预测和更新环节即可完成整个提升

过程,算法简单易懂,且对内存要求比较小。另外,在本算法中只进行一层小波提升变换,其原因是小目标的面积通常都比较小,如果进行多层小波提升变换可能使小目标信号淹没于背景信号中,因此在本节中只需进行一层小波变换即可。

(2)由 5.2.2 小节提取的海天线参数划分出所要检测的海天线区域。由图 5.32(a)可知,一方面,当小目标进入全景设备成像区域时,小目标会被船体及设备成像完全遮挡,因此本算法不在这一区域(图 5.32(a)中白色虚线内区域)进行小目标检测;另一方面,全景支架的存在容易导致小目标的误检,考虑到全景采集系统确定之后,该全景支架成像在全景图像中的位置是固定不变的,因此本节在小目标检测过程中将其作为先验知识加以剔除。基于以上两方面的原因,本节所划分的小目标检测区域如图 5.32(b)所示。本节将在图 5.32(b)中 ab 和 cd 部分的海天线区域检测小目标。

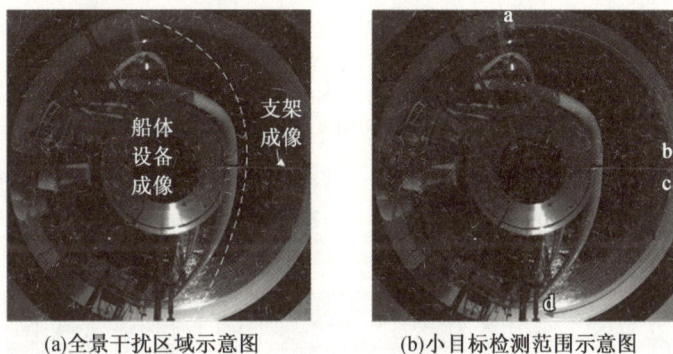

(a)全景干扰区域示意图　　　　　　(b)小目标检测范围示意图

图 5.32　小目标检测范围示意图

由于小目标的出现改变了海天线外围天空部分平滑的纹理结构,也就是说海天线上的小目标信号相对于平滑的天空部分属于非平稳跳变信号,因此可以利用这个特点对出现在海天线上的目标进行检测。利用 5.2.2 小节的方法检测海天线,根据海天线检测结果,可以得到全景海天线的中心 O,对图 5.32(b)所示的目标检测区域中的海天线以 O 为中心,以 0.5°为步长进行等采样,提取出这些采样点在低频小波子图像、水平方向上高频子图像和垂直方向上高频子图像的位置,并记录每一个采样点在低频、水平方向上高频、垂直方向上高频的三个小波能量值。

(3)按照式(4-48)进行小波互能量交叉计算,得到所检测曲线上每一个像素点交叉后的两个小波能量值。其中,本节是将低频子图像分别与其他两个方向上的高频子图像进行交叉处理,即分别将 CC 和 CD 与 CC 和 DC 进行能量交叉计算。将低频子图像与其他方向上的高频子图像进行小波互能量交叉的原因是低频子图像保持了原始图像的基本信息,通过这样的能量交叉处理可以突出目标信号在各个方面上的小波能量值。

(4)对曲线上的每一个采样像素点的两个小波互能量交叉值进行相加操作,得到小波互能量叠加值,这样处理的原因是小目标在水平方向和竖直方向上都具有比较大的小波交叉能量值,通过能量的叠加处理可以突出小目标。

(5)步骤(4)处理后在目标点处具有比较大的小波互能量叠加值,而其他非目标点处的小波互能量叠加值比较小。因此,需要对所要检测曲线上的像素点的小波互能量叠加值设置合适的阈值,大于阈值的像素位置即为小目标所在的位置。基于小波互能量的海天线区域小目标检测结果如图 5.33 所示。

(a)全景海域图像　　　　　　　(b)小目标检测结果图

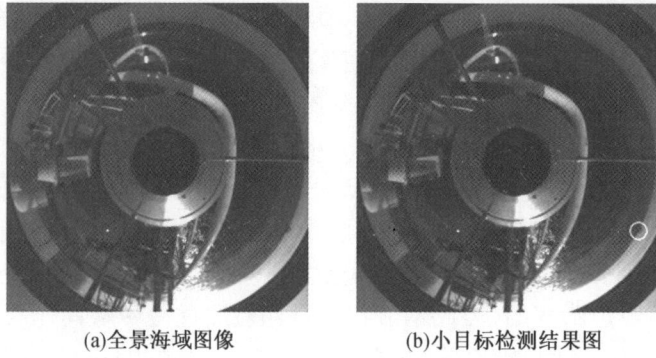

图5.33　基于小波互能量的海天线区域小目标检测结果

2.实验对比及分析

目标检测的难易程度取决于目标的大小,为了检验本节所提的小目标检测算法的有效性,对包含不同尺寸小目标的全景海域图像进行实验,所用的全景图像的分辨率为512×512。图5.34(a)是同一全景视觉系统在同一片海域采集的图像,其中小目标超出海天线进入天空区域所占像素数目依次为180个、50个、20个。使用文献[19]和本节方法分别对这三幅含有不同尺寸小目标的全景图像检测的结果如图5.34(b)(c)所示。

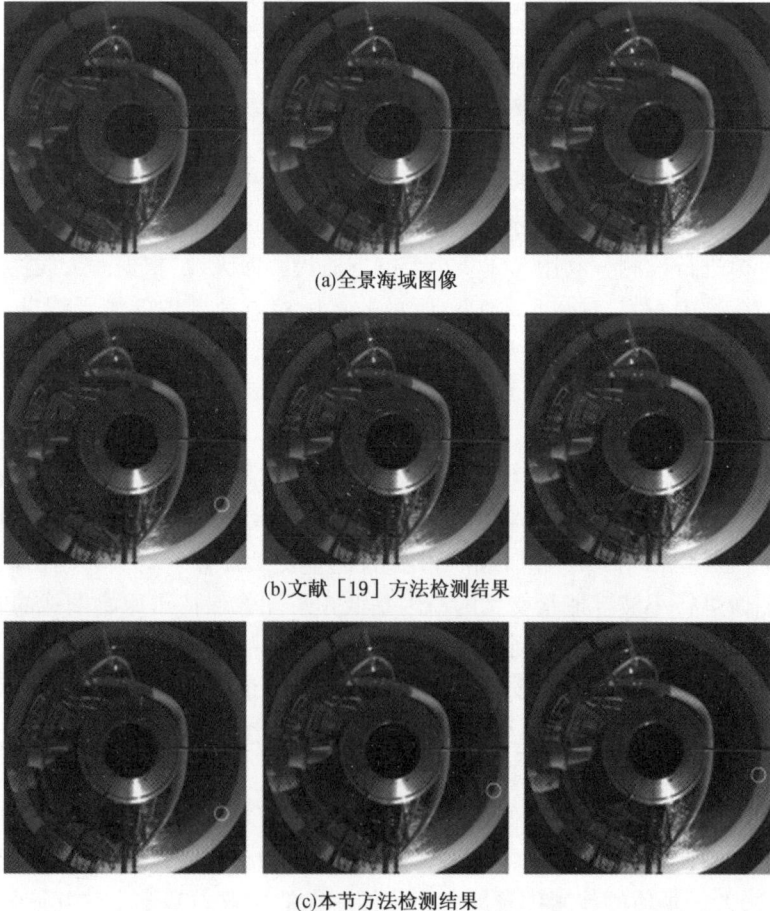

(a)全景海域图像

(b)文献[19]方法检测结果

(c)本节方法检测结果

图5.34　不同尺寸小目标检测结果对比图

由检测结果图 5.34(b)可知,文献[19]给出的单窗口阈值法,当目标所占像素数目较多时,如第一幅图像所示,该方法能检测到目标,但当目标变小时,如图(b)中第二、三幅图像,该方法没有成功检测到目标。其检测失败的原因是待检测目标所占像素数小于设置的单窗口阈值,减小阈值或许可以提高检测率,但是又有可能因为阈值过小而导致误检。由检测结果图 5.34(c)可知,本节提出的基于小波互能量的海天线区域小目标检测方法对以上三幅图像均适用,都可以正确检测出目标。

5.4　本 章 小 结

本章探讨了海洋环境下的海面目标检测技术,重点研究了海图图像清晰化技术、全景图像中的海天线的检测技术及海域小目标检测技术三方面内容。结合实际工程应用中遇到的问题,本章设计了相应的海域图像去雾算法、全景海天线提取算法和海天线区域小目标检测算法,实验结果验证了算法的有效性和普适性。

参 考 文 献

[1] MONDRAGOD I F, PASCUAL C, CARO M, et al. Omnidirectional vision applied to unmanned aerial vehicles (UAVs) attitude and heading estimation [J]. Robotics and Autonomous Systems, 2010, 58(6): 809 – 819.

[2] MARIOTTINI G L, SCHEGGI S, MORBIDI F, et al. An accurate and robust visual-compass algorithm for robot-mounted omnidirectional cameras [J]. Robotics and Autonomous Systems, 2012, 60(9): 1179 – 1190.

[3] CAI C T, LIANG X L, TAN J L, et al. Adaptive optimal block matching video stabilization algorithm[J]. Systems Engineering and Electronics, 2013, 35(6): 1324 – 1329.

[4] ZHONG X Y, ZHU Q D, ZHANG Z. Study of fast and robust motion estimation in the digital image stabilization[J]. Acta Electronica Sinica, 2010, 38(1): 251 – 256.

[5] SHAO X X, GUO S X, WANG L. Image mosaic algorithm based on extended phase correlation of edge[J]. Journal of Jilin University (Information Science Edition), 2010, 28(1): 95 – 99.

[6] MCCARTNEY E J. Optics of the atmosphere: scattering by molecules and particles[M]. New York: John Wiley and Sons, 1976: 23 – 32.

[7] VAN HERK M. A fast algorithm for local minimum and maximum filters re*ctan* gular and octagonal kernels[J]. Pattern Recognition Letters, 1992, 14(10): 517 – 520.

[8] HE K M, SUN J, TANG X O. Single image haze removal using dark channel prior[J]. IEEE Transactions on Pattern Analysis and Machine Intelligence, 2011, 33 (12): 2341 – 2353.

[9] HE K M, SUN J, TANG X. Guided image filtering [C]. Berlin: The 11th European Conference on Computer Vision Springer, 2010.

[10] CROW F C. Summed-area tables for texture mapping[J]. Computer Graphics, 1984, 18 (3): 207 – 210.

[11] 李权合, 查宇飞, 熊磊, 等. 雾霾退化图像场景再现新算法[J]. 西安电子科技大学学报, 2013, 40(5): 123 – 132.

[12] 李权合, 毕笃彦, 何林远. 退化过程模拟模型及其在图像增强中的应用[J]. 西安电子科技大学学报, 2011, 38(6): 185 – 192.

[13] LIE W N, LIN T C I, LIN T C L, et al. A robust dynamic programming algorithm to extract skyline in images for navigation[J]. Pattern Recongnition Letters, 2005, 26: 221 – 230.

[14] BALLARD D H, BROWN C M. Computer vision[M]. Upper Saddle River: Prentice-Hall, 1982: 45 – 57.

[15] KIM H, HONG S, SON H, et al. High speed road boundary detection on the images for autonomous vehicle with the multilayer CNN[J]. In: Proc. IEEE Internat. Sympos. On Circuits and Systems, 2003:769 – 772.

[16] MERLET N, ZERUBIA J. New prospects in line detection by dynamic programming[J]. IEEE Trans Pattern Anal Machine Intell, 1996,18(4):426 – 431.

[17] RANGARAJAN A, CHUI H, MJOLSNESS E. A relationship between spline-based deformable models and weighted graphs in non-rigid matching [C]. Crete: The 18th Computer Vision and Pattern Recognition, Greece,2001.

[18] 英向华. 全向相机标定技术研究[D]. 北京:中国科学院自动化研究所,2004.

[19] MURAKAMI K, ABOSHI M, KINOSHITA K. Fast line detection by Hough Transform using inter-image operations [J]. Electronics and Communications in Japan, 2015, 98 (7):1 – 12.

[20] WEI L L, ZHANG X L, FAN L. A TBD algorithm based on improved Randomized Hough Transform for dim target detection[C]. Proceedings of the 2010 2nd International Conference on Signal Processing Systems, Dalian: ICEMS, 2010:V2 – 241 – V2 – 245.

[21] 程鹏, 朱美琳, 耿华. 一种基于梯度 Hough 变换和 SVM 的圆检测算法[J]. 计算机与现代化, 2013,2(5):22 – 26.

[22] 苏丽,庞迪. 全景海域图像中的圆形海天线提取[J]. 光学(精密工程), 2015,23 (11):3279 – 3288.

[23] KIMME C, BALLARD D H, SKLANSKY J. Finding circles by an array of accumulators [J]. Communications of the Association for Computing Machinery, 1975, 18(2): 120 – 122.

[24] 苏丽,周娜,徐从营. 基于全景视觉的舰船小目标检测方法研究[C].西安:第32届中国控制会议,2013.

[25] MANDELBROT B B. The fractal geometry of nature [M]. New York: W H Freeman and Company, 1982: 102 – 113.

[26] 伍妍妮,潘炼,王薇. 基于分形特征的复杂环境目标检测方法研究[J]. 计算机测量与控制, 2014,22(5):1327 – 1329.

[27] 耿庆田, 赵宏伟. 基于分形维数和隐马尔科夫特征的车牌识别[J]. 光学(精密工程), 2013, 21(12): 3219 – 3204.

[28] 于海晶,李桂菊. 基于改进差分盒维数的烟雾分割方法[J]. 液晶与显示, 2013,28 (1):115 – 119.

[29] 刘洋, 田小建,王晴,等.采用局部分形的高效图像分割方法在红外云图处理中的应用[J]. 光学(精密工程), 2011,19(6):1367 – 1374.

[30] 张心心, 顾静良, 何山,等. 基于分形曲面尺度斜率特征的弱小目标检测[J]. 激光与红外, 2015,45(3):331 – 334.

[31] 蔡飞, 涂丹. 可见光图像人造目标检测技术综述[J]. 计算机应用研究, 2010,27 (7):2430 – 2434.

[32] 诸葛霞, 向健勇. 基于分形的实现小目标检测的一种具体方法[J]. 红外技术, 2006, 28(7):411 – 414.

[33]　葛中峰. 水下视频图像复原与拼接方法研究[D]. 青岛:中国海洋大学,2012.

[34]　SWELDENS W. The lifting scheme:a custom – design construction of biorthogonal wavelets[J]. Applied and Computational Harmonic Analysis,1998,3(2):186 – 200.

[35]　王艳芳,李智强. 基于提升小波算法的谐波检测方法研究[J]. 电力学报, 2008, 23 (4): 283 – 286.

[36]　许四祥,马爱萍,汪敏. 基于提升小波变换的镁熔液弱目标检测方法[J]. 轻金属, 2011,7(3):62 – 64.